Holger Walther
Ohne Angst am Steuer

Holger Walther

Ohne Angst am Steuer

Die Führerscheinprüfung meistern und selbstständig Auto fahren

UVK Verlagsgesellschaft mbH · Konstanz
mit UVK/Lucius · München

Bibliografische Information der Deutschen Bibliothek
Die Deutsche Bibliothek verzeichnet diese Publikation in der Deutschen Nationalbibliografie; detaillierte bibliografische Daten sind im Internet über <http://dnb.ddb.de> abrufbar.

Lektorat: Rainer Berger
Einbandgestaltung: Susanne Fuellhaas, Konstanz
Gestaltung: Claudia Rupp, Stuttgart
Einbandmotiv: Maridav – iStock
Bildquellen: © WoGi (Verkehrszeichen), © Grafikplusfoto (Autoschlüssel), © ArTo (Abb. 1), © Imaginis (Abb. 2), © Gina Sanders (Abb. 3), © PixelRobot (Abb. 5), © Neyro (Abb. 6–21), © simmer 2008 (Abb. 16), © vektorisiert (Tab. 1) , © auremar (Abb. 23), © fotohansel (Abb. 24), © Benshot (Abb. 25) – fotolia.de
Druck und Bindung: cpi, Ebner und Spiegel, Ulm

UVK Verlagsgesellschaft mbH
Schützenstr. 24 · 78462 Konstanz
Tel. 07531-9053-0 · Fax 07531-9053-98
www.uvk.de

ISBN 978-3-86764-660-4

Liebe Leserin, lieber Leser

Ängste sind etwas sehr Unangenehmes, denn Angst ist ein extrem starkes Gefühl. Es ist nahezu unmöglich, Ängste zu ignorieren oder zu verdrängen. Während die Angst in einer gefährlichen Situation dazu beitragen kann, unser Leben zu retten, führt sie im normalen Alltag eher dazu, dass man Situationen vermeidet. Dazu kann auch das Fahren mit dem Auto gehören. Oder schon der Schritt davor: es überhaupt zu lernen.

Nun, dann lässt man es eben?

So einfach ist es nicht. Jedenfalls dann nicht, wenn man eigentlich einen Führerschein möchte oder ihn sogar braucht. Und wer ihn besitzt, möchte oder muss vielleicht auch fahren. Also: Augen zu – und durch? Gegen die Angst ankämpfen mit dem sprichwörtlichen „Sprung ins kalte Wasser“?

Zwei Dinge sprechen dagegen. Die Angst macht Sie einerseits zu einem völlig unsicheren Fahrer und Sie übersehen mit großer Wahrscheinlichkeit wichtige Dinge im Verkehr. Das kann gefährlich für Sie und andere werden. Und andererseits: einen Kampf gegen die Angst würden Sie haushoch verlieren. Denn je häufiger man sich trotz Angst einfach in die Situation begibt, desto stärker werden die unangenehmen Angstgefühle tatsächlich. Man sammelt quasi immer mehr schlechte Erfahrungen und greift notgedrungen zu einer unschönen Konsequenz: Vermeidung. Das bedeutet, die Anmeldung zum Unterricht, die einzelnen Fahrstunden oder die abschließende Prüfung vor sich herzuschieben. Oder später wird die Möglichkeit, selbst zu fahren, nicht genutzt. Dabei war es ein wirklicher Wunsch, den Führerschein zu besitzen. Oder er war sogar dringend notwendig? Und da unsere Umgebung wahrscheinlich auch nicht locker lässt, müssen Ausreden her. Umständliche Erklärungen, weil es so schwer fällt, über die eigentliche Angst zu sprechen. Oder man zieht sich mehr und mehr zurück, um unangenehmen Fragen aus dem Weg zu gehen. Und dann müssen im Alltag ja noch Lösungen gefunden werden, um die verschiedensten Dinge auch ohne Auto zu erledigen. Meistens wird es dadurch umständlicher, doch auch das wird in Kauf genommen. Denn die Angst ist stärker.

Die Ängste verstehen und überwinden

Dieser Ratgeber soll Ihnen dabei helfen, Ihre Ängste zunächst besser zu verstehen. Statt Kampf oder Vermeidung ist es wichtig, die Gefühle ernst zu nehmen und ihnen etwas Hilfreiches gegenüberzustellen. Könnte man die Psyche fragen, würde sie behaupten, dass sie die Angstgefühle aus guten Gründen erzeugt. Die Gründe dafür liefern erstaunlicher Weise wir selbst: mit unserer eigenen Haltung und Einstellung den Dingen gegenüber beeinflussen nämlich wir selbst unsere Gefühlswelt. Wenn wir der Meinung sind, dass Autofahren sehr kompliziert sei und der Straßenverkehr völlig unübersichtlich und gefährlich, dann sind Ängste die zu erwartende Konsequenz. Lässt sich dann aber das Ganze nicht einfach umdrehen? Positiv denken? Ganz so einfach ist es dann doch nicht, aber die Idee geht in die richtige Richtung. Deshalb zeigt dieser Ratgeber mit der „Ich fahre-das Auto-im Verkehr-Methode“ wie es gelingen kann, die Ängste zu überwinden. Viele typische Situationen werden zum Anlass genommen, zu hinterfragen, ob die Fahrerin oder der Fahrer, das Auto selbst oder der Straßenverkehr im Mittelpunkt der Ängste stehen. Dann können die angstauslösenden

Gedanken und Einstellungen gezielt in hilfreiche und unterstützende Gedanken und Einstellungen umgewandelt werden. Das ist schon mit ein wenig Aufwand und Arbeit verbunden. Doch es wird sich lohnen, wenn Sie am Ende den neuen Führerschein in der Hand halten. Oder endlich selbst mit dem Auto fahren. Oder sich nach der längeren Unterbrechung endlich wieder trauen, am Steuer zu sitzen.

Selbstbewusst am Steuer sein

Ich möchte Ihnen zeigen, wie das funktioniert. Das geschieht Schritt für Schritt, damit Ihre Psyche auch mitkommt. Denn wir brauchen sie wie einen guten Freund unbedingt mit im Boot. Für eine kurze Zeit sind wir ein Dreier-Team, das die Ängste Stück für Stück gegen ein positiveres Selbstbewusstsein austauscht – danach machen Sie dann gemeinsam mit Ihrer Psyche allein weiter. Denn ich möchte Ihnen helfen, sobald wie möglich ohne Angst am Steuer zu sitzen.

Holger Walther, Berlin im September 2016

Inhaltsverzeichnis

Was Sie vorher wissen sollten

Wenn man sich unsere Verkehrslage in Deutschland anschaut, dann fällt auf, dass enorm viele PKW und andere motorisierte Fahrzeuge auf den Straßen unterwegs sind. Etwa bei Ferienbeginn oder Baustellen berichten die Medien dann entsprechend über kilometerlange Staus. Kein Wunder: waren doch laut dem Statistischen Bundesamt im Jahr 2012 insgesamt 52 Millionen Kraftfahrzeuge registriert – darunter befanden sich ganze 43 Millionen PKW. Demnach muss es viele Führerscheinbesitzer geben, die es geschafft haben, die Fahrerlaubnis zu erwerben und dann auch zu fahren. Und jedes Jahr kommen übrigens fast 1 Million neuer Führerscheine hinzu. Aber die Fahrerlaubnis zu erwerben schaffen nicht alle ohne Probleme. Oder auch nicht mit dem ersten Anlauf. Schon die ersten Fahrstunden können sich schwierig gestalten und die Angst, bei der Prüfung in Theorie oder Praxis durchzufallen, kann groß sein.

Ist die Führerscheinprüfung geschafft und steht auch noch ein Auto vor der Tür, dann könnte es endlich losgehen. Doch auch dann gibt es viele, die nur zögerlich loslegen, schließlich sitzt man zwar wie gewohnt allein am Steuer, doch bisher konnte man sich auf den Fahrlehrer als Beifahrer verlassen. Wäre es brenzlig oder gar gefährlich geworden, hätte er ins Steuer gegriffen oder mit den zusätzlichen Pedalen in seinem Fußraum gebremst. Abgesehen davon hat er auch immer gesagt, wo es langgehen soll. Doch nun liegt die Verantwortung für alles ganz allein beim frisch gebackenen Führerscheininhaber. Und dieser plötzliche Unterschied kann sehr verunsichernd sein. Denn besondere Situationen beim Fahren müssen nun allein entschieden und bewältigt werden. Dazu können volle Straßen in der Stadt, hohe Geschwindigkeiten auf der Autobahn oder Überholmanöver auf der Landstraße gehören.

Wir können aber auch noch eine ganz andere Gruppe von Autofahrern beobachten, die trotz Führerschein nicht fährt: Erstaunlicherweise sind das Menschen, die bereits durchaus längere Zeit den Führerschein besitzen und regelmäßig gefahren sind. Sie könnten zu Recht als erfahrene Autofahrer gelten. Doch nach einer längeren Fahrpause, weil man vielleicht lange kein Auto zur Verfügung hatte, oder nach einer Unterbrechung durch einen Unfall fällt es einigen schwer, sich wieder an das Steuer zu setzen und wie gewohnt loszufahren.

Aber muss man überhaupt Autofahren können?

Kommt man nicht mit dem Fahrrad, dem öffentlichen Nahverkehr, mit Bus, Bahn und Flugzeug auch überall hin? Im Prinzip natürlich schon, doch sobald man sich allein aus einer Angst für die anderen Transportmöglichkeiten entscheidet, kann dieses mindestens auch auf Kosten von Mühe, Zeit oder Komfort gehen. Tatsächlich nehmen viele ängstliche Menschen täglich Umständliches in Kauf, indem sie Strecken zur Arbeit oder zum Einkaufen nicht auf dem direktesten Weg mit einem Auto zurücklegen, sondern sogar Umwege hinnehmen, die dann natürlich auch Zeit kosten. Das allein kann schon belastend sein, doch kommt häufig ja noch die Tatsache hinzu, diese Umwege gegenüber anderen zu rechtfertigen. Oder gar zu vertuschen. Der direkte Weg dagegen bedeutet, sich der Angst zu stellen und aktiv daran zu arbeiten, die Angst zu reduzieren.

Vielleicht hilft zunächst die Feststellung, dass Sie mit Ihren Ängsten nicht allein sind. Fahrschülerinnen und Fahrschüler, die es schaffen, offen über ihre Ängste zu sprechen, nennen übereinstimmend mehrere Situationen: die erste Fahrstunde, das Linksabbiegen auf großen Kreuzungen, die Autobahn wegen der hohen Geschwindigkeit, das Einparken und die kritischen Blicke und Bemerkungen von Fahrlehrer und Fahrprüfer. Menschen, die generell eher ängstlich oder leicht zu verunsichern sind, haben auch große Schwierigkeiten, solche als sehr kompliziert erlebte Situationen zu bewältigen.

Sie werden unangenehme Situationen und den einen oder anderen Fehler nicht vermeiden können, sondern diese mit Hilfe des Ratgebers gezielt aufsuchen. Wenn sich das für Sie zunächst bedrohlich anhört, dann ist das ja auch kein Wunder: Es hat sich ja hier ganz am Anfang des Buches noch nichts verändern können. Da Sie sich aber schon bald auf eine neue Art und Weise diesen Situationen stellen, brauchen sie nicht mehr so bedrohlich zu sein. Dabei kann natürlich ein fehlerfreies Autofahren nicht das Ziel sein. Aber weniger Stress und weniger Angst bedeuten automatisch weniger Fehler. Passiert dann doch mal einer, dann soll dieser zukünftig nicht mehr der Startschuss zum Aufschaukeln und noch mehr Fehler machen sein.

Die unterschiedlichsten Situationen können mit diesem Ratgeber bearbeitetet werden. Nach einer allgemeinen Einführung können Sie gezielt genau die Kapitel aufsuchen, die Ihre persönliche Situation beschreiben und bearbeiten. Stehen Sie noch ganz am Anfang und haben große Bedenken, die Führerscheinausbildung zu beginnen? Zögern Sie vielleicht schon länger den Start hinaus? Dann finden Sie sich auf jeden Fall im Kapitel 2.1 „Angstsituationen meistern: von der ersten Fahrstunde bis zur bestandenen Prüfung" wieder.

Während der Ausbildung und auch mit bestandenem Führerschein kann es besondere Momente geben, die Ihnen überhaupt nicht behagen, beispielsweise das Einfädeln in die Autobahn. Solche Momente werden im Kapitel 2.4 „Angstsituationen meistern: Momente der Angst hinter dem Steuer" bearbeitet.

Die Fahrprüfung muss aber auch erst einmal geschafft sein, doch klassische Prüfungsangst hat vielleicht schon dazu geführt, dass Sie ein- oder mehrmals durchgefallen sind. Oder Sie befürchten es auf jeden Fall. Auch das finden Sie im Kapitel 2.1 „Angstsituationen meistern: von der ersten Fahrstunde bis zur bestandenen Prüfung".

Eine besondere Vorgehensweise im Zusammenhang mit dem Erwerb des Führerscheins ist die Erlaubnis für das begleitete Fahren bereits ab dem 17. Lebensjahr (BF17). Wie es funktioniert und gut gelingen kann, wird im Serviceteil im Kapitel 6 ausführlich beschrieben.

Wenn der Stress durch die Tatsache ausgelöst wird, dass Sie mit erreichtem Führerschein auf einmal allein für alles hinter dem Steuer verantwortlich sind, dann ist für Sie auf jeden Fall das Kapitel 2.2 „Angstsituationen meistern: alleine fahren" wichtig.

Zuletzt bleiben noch diejenigen übrig, die den Einstieg nach einer Unterbrechung nicht schaffen. Wegen schlechter Erfahrungen, etwa durch einen Unfall oder durch eine lange Pause, entstehen stärkere Zweifel. Verändern Sie Ihre Unsicherheit durch das Kapitel 2.3 „Angstsituationen meistern: wiedereinsteigen nach einer Fahrpause".

WISSEN

Was bedeuten die drei Verkehrszeichen in diesem Buch?

Durch das Buch begleiten Sie bekannte Verkehrszeichen, die Ihnen ganz schnell zeigen wollen, wie eine Bemerkung im Text gemeint ist. Beispielsweise die Bemerkung „Man muss sich seiner Angst nur stellen, dann geht sie weg." würde mit dem Stoppschild versehen werden, weil dieser Ratschlag grundsätzlich falsch ist. Lesen Sie im Text dagegen die Beschreibung einer Entspannung, dann finden Sie als positives Zeichen das Vorfahrtszeichen. Als drittes Hinweisschild gibt es noch die vorgeschriebenen Fahrtrichtungen. Bei diesem Schild können oder müssen Sie aus mehreren Möglichkeiten auswählen. Die Zeichen bedeuten also:

So, wie hier im Text beschrieben, kann es nicht funktionieren. Also „Stop"!

Wenn Sie versuchen zu beachten, was an dieser Stelle im Text beschrieben wird, dann kann es sich in positive Richtung verändern.

Wenn dieses Verkehrsschild auftaucht, müssen Sie sich für eine der vorgestellten Möglichkeiten entscheiden.

Wie Sie diesen Ratgeber verwenden können

Wenn Sie diese Zeilen lesen, haben Sie zwei wichtige Schritte in Bezug auf Ihre Angst bereits hinter sich. Der erste Schritt ist es zuzugeben, Angst zu haben. Und Ihren zweiten Schritt haben Sie auch schon unternommen. Er beinhaltet den festen Entschluss, etwas gegen die Angst zu unternehmen. Mit jeder Seite dieses Ratgebers, die Sie aufmerksam lesen – und dann die beschriebenen Anregungen und Aufgaben umsetzen – arbeiten Sie schließlich gezielt auf einen anderen Autoalltag hin: einen Autoalltag mit deutlich weniger Angst als jetzt.

Da es leichte und mittlere, schwere und situationsübergreifende, starke Ängste gibt, ist es zunächst wichtig, die Stärke Ihrer Ängste zu bestimmen. Sie benötigen diese Einschätzung, damit Sie wissen, in welcher Weise Sie diesen Ratgeber allein oder ergänzend mit fremder Hilfe nutzen können. Dazu finden Sie im Folgenden verschiedene von mir formulierte Checklisten. Diese sollen Ihnen eine eigene Einschätzung ermöglichen. Bedenken Sie bitte, dass es sich im Ergebnis nicht um wissenschaftlich fundierte Diagnosen handelt. Vielmehr dienen die Checklisten zur ersten Orientierung.

Um das Ausmaß Ihrer Ängste bestimmen zu können, müssen Sie insgesamt drei der vier folgenden Checklisten bearbeiten. In den Checklisten stehen unterschiedliche Aussagen, die Sie mit „Ja" oder „Nein" beantworten können. Prüfen Sie, ob die darin beschriebenen Situationen und Gefühle auf Sie zutreffen. Dabei muss eine Aussage nicht wortwörtlich stimmen, aber doch eine Ihnen vertraute Situation beschreiben.

Bearbeiten Sie die Checklisten A, B oder C (je nachdem, ob Sie noch vor der Prüfung sind oder bereits den Führerschein haben) und D.

Zählen Sie dann für jede der drei Checklisten getrennt zusammen, wie viele Bemerkungen Sie mit „Ja" angekreuzt haben. Mit dem Ergebnis schauen Sie, was die Auswertung ergibt und in welcher Form Sie mit diesem Ratgeber arbeiten können.

CHECKLISTE A

Leichte und mittlere Ängste

Ich muss so viel Stoff lernen, ich weiß gar nicht, wie ich das schaffen soll.	Ja ☐	Nein ☐
Vor einer Fahrstunde bin ich deutlich aufgeregt.	Ja ☐	Nein ☐
Während der Fahrstunde werde ich scheinbar langsam ruhiger.	Ja ☐	Nein ☐
Ich mache mir Sorgen, in der Prüfung viel schlechter zu fahren, als ich es tatsächlich kann.	Ja ☐	Nein ☐
Ich bin schon mal durchgefallen, weil ich das Gelernte in dem Moment nicht mehr parat hatte.	Ja ☐	Nein ☐
Nach einer Fahrstunde bin ich total geschafft, weil es mich unglaublich anstrengt.	Ja ☐	Nein ☐
Bestimmte Situationen lass ich einfach. Beispiel: Ich fahre auf der Autobahn nur ganz rechts oder überhole auf der Landstraße nie.	Ja ☐	Nein ☐
Wenn ich lerne, stelle ich mir vor, wie ich das dann in der Prüfung machen muss und ich es nicht kann.	Ja ☐	Nein ☐
Ich überlege mir, was die anderen wohl dazu denken, wenn ich fahre.	Ja ☐	Nein ☐
Wenn ich etwas falsch gemacht habe und der Fahrlehrer/Beifahrer mir das sagt, bin ich richtig verunsichert.	Ja ☐	Nein ☐
Ich finde, die anderen fahren grundsätzlich besser als ich und machen weniger Fehler.	Ja ☐	Nein ☐

Zählen Sie nun zusammen, wie häufig Sie „Ja" angekreuzt haben: ____-mal „Ja"

Die Auswertung

Wenn Sie nur ein oder zwei Ja-Kreuze gemacht haben, dann handelt es sich um eine zufällige Übereinstimmung. Dieses Ergebnis lässt keine weitere Einschätzung Ihrer Angststärke zu. Wenn Sie mindestens drei oder mehr Ja-Kreuze gemacht haben: Sie sind ein eher ängstlicher Mensch, der neue Sachen meistens vorsichtig und skeptisch angeht. Sie sind auch sehr schnell zu verunsichern. Dann ist zu erwarten, dass Sie auch in den Fahrstunden und in der Prüfung eher ängstlich und mit einer größeren Aufregung reagieren. Dadurch werden diese Situationen sehr unangenehm und anstrengend, aber irgendwie übersteht man es. Sie können nun allein mit diesem Ratgeber Ihre Ängste verändern.

Der Ratgeber hilft bei leichten und mittleren Ängsten.

Überprüfen Sie nun mit den weiteren Checklisten, ob vielleicht auch stärkere Ängste vorliegen.

CHECKLISTE B

Stärkere Ängste

Für alle vor der Prüfung

Ich habe viel überlegt, ob ich den Führerschein überhaupt brauche. Dann bräuchte ich nämlich keine Prüfung machen.	Ja ☐	Nein ☐
Vor jeder Fahrstunde bin ich ziemlich aufgeregt, muss öfter zur Toilette und würde am liebsten absagen.	Ja ☐	Nein ☐
Während der Fahrstunde bin ich aufgeregt, schwitze viel und denke nur daran, wann es endlich vorbei ist.	Ja ☐	Nein ☐
Ich bin gar nicht richtig dabei, wenn mir der Fahrlehrer etwas erklärt. Irgendwie sind meine Gedanken woanders.	Ja ☐	Nein ☐
Ich habe alle notwendigen Fahrstunden hinter mir und traue mich nicht, mich zur Prüfung anzumelden.	Ja ☐	Nein ☐
An den Fahrlehrer hab ich mich etwas gewöhnt. Doch wenn andere Fahrschüler hinten sitzen, fühle ich mich beobachtet.	Ja ☐	Nein ☐

In den Theoriestunden frage ich nichts, weil die anderen dann mitbekommen, was ich nicht weiß.	Ja ☐ Nein ☐
Ich mache mir viele Gedanken, in der Prüfung durchzufallen.	Ja ☐ Nein ☐
Nach einer schlechten Fahrstunde überlege ich noch lange, ob ich nicht besser aufhöre.	Ja ☐ Nein ☐
Ich versuche, die Fahrstunden so zu legen, dass gerade nicht so viel Verkehr ist.	Ja ☐ Nein ☐

CHECKLISTE C

Stärkere Ängste

Für alle mit Führerschein

Ich fahre lieber allein. Wenn andere mit im Auto sitzen, macht mich das nervös.	Ja ☐ Nein ☐
Ich benutze nur bekannte Strecken. Neue Wege versuche ich zu umgehen.	Ja ☐ Nein ☐
Ich bin schon alleine gefahren, doch nach einer größeren Pause finde ich jetzt den Startschuss nicht, weil ich es mir nicht zutraue.	Ja ☐ Nein ☐
Autofahren stresst mich. Dabei komme ich schnell ins Schwitzen, mir wird häufig übel oder ich habe das Gefühl, ständig auf die Toilette zu müssen.	Ja ☐ Nein ☐
Ich mag keine längeren Fahrten, weil ich eine Panne haben könnte. Dann bräuchte ich Hilfe und das finde ich peinlich.	Ja ☐ Nein ☐
Wenn ich nicht alleine bin, dann lass ich ohne große Diskussion die anderen fahren.	Ja ☐ Nein ☐
In meiner Beziehung ist es klar, dass ich nicht fahre. Das machen wir ganz automatisch so.	Ja ☐ Nein ☐
Ich finde es furchtbar, wenn andere mir erklären, dass ich gerade etwas falsch gemacht habe.	Ja ☐ Nein ☐
Irgendwie fühle ich mich von den anderen Autofahrern beobachtet. Die denken wahrscheinlich, dass ich nicht richtig Auto fahren kann.	Ja ☐ Nein ☐

Wenn jemand hupt, dann denke ich gleich, dass der mich meint und ich etwas falsch gemacht habe. Ja ☐ Nein ☐

Zählen Sie nun zusammen, wie häufig Sie „Ja" in der Checkliste B oder C angekreuzt haben: ____-mal „Ja"

Die Auswertung

Wenn Sie nur ein oder zwei Ja-Kreuze gemacht haben, dann handelt es sich um eine zufällige Übereinstimmung. Wenn Sie mindestens drei oder mehr Ja-Kreuze gemacht haben: Sie haben stärkere Ängste, die dazu führen, dass Sie Situationen wie die ersten Fahrstunden vermeiden, oder dass Sie später die Anmeldung zur Prüfung vor sich herschieben. Oder Sie lassen das Auto trotz Führerschein stehen und lassen andere fahren. Diese Ängste können Sie mit diesem Ratgeber und einem passenden Fahrlehrer verändern. Besprechen Sie dazu mit dem Fahrlehrer Ihr Vorhaben, die Übungen des Ratgebers in der Führerscheinausbildung anzuwenden. Der Fahrlehrer sollte die vorgeschlagenen Übungen gut finden und Ihnen dafür während der Fahrstunden Zeit geben.

Der Ratgeber hilft in Kombination mit einem freundlichen, unterstützenden Fahrlehrer bei stärkeren Ängsten.

Überprüfen Sie nun mit der letzten Checkliste, ob vielleicht auch situationsübergreifende, sog. generalisierte Ängste vorliegen.

CHECKLISTE D

Sehr starke situationsübergreifende Ängste oder Panik

Als Beifahrer kann ich mich nicht raushalten – immer wieder weise ich den Fahrer auf andere Verkehrsteilnehmer, Verkehrsschilder und Geschwindigkeitsbegrenzungen hin. Ja ☐ Nein ☐

Ich sitze weder gern am Steuer, noch fahre ich gern als Beifahrer mit. Beides strengt mich unheimlich an. Ja ☐ Nein ☐

Solche Ängste und die Anspannung, wie ich sie beim Autofahren habe, kenne ich auch sonst sehr häufig in meinem Alltag. Ja ☐ Nein ☐

Ich mache mir auch um meinen Partner, meine Familie und Freunde Sorgen, wenn diese einfach so losfahren. Ja ☐ Nein ☐

Ich suche für meine Wege solche Strecken aus, die eher ungefährlich sind, wo aber in einem Notfall auch schnell Hilfe da wäre.	Ja ☐ Nein ☐
In meinem Handy sind alle wichtigen Notfallnummern gespeichert und zur Sicherheit ist es immer dabei und angeschaltet.	Ja ☐ Nein ☐
In bin schon mal kurz nach dem Losfahren wieder umgedreht, weil der Verkehr so stark war, dass ich Panik bekam.	Ja ☐ Nein ☐
Ich bin schnell sehr aufgeregt und mache mir dann Sorgen, dass ich ohnmächtig werden oder sogar einen Herzinfarkt bekommen könnte.	Ja ☐ Nein ☐
Ich mag es nicht, sehr weit von Zuhause weg zu sein. Wenn dann etwas passiert, bin ich nicht in der Nähe meiner vertrauten Umgebung.	Ja ☐ Nein ☐
Mir kann schon beim Gedanken an eine Autofahrt schwindelig werden.	Ja ☐ Nein ☐
Bevor ich für Besorgungen das Auto benutze, gehe ich möglichst zu Fuß oder bestelle die Sachen, damit sie geliefert werden.	Ja ☐ Nein ☐

Zählen Sie nun zusammen, wie häufig Sie „Ja" angekreuzt haben: ____-mal „Ja"

Die Auswertung

Wenn Sie nur ein oder zwei Ja-Kreuze gemacht haben, dann handelt es sich um eine zufällige Übereinstimmung. Wenn Sie mindestens drei oder mehr Ja-Kreuze gemacht haben: Sie leiden beim Autofahren unter starken Schwindelgefühlen oder Panikattacken. Oder Sie befürchten, Ihre Aufregung könnte zu einer Ohnmacht oder einem Herzinfarkt führen. Sie haben Angst, sich zu weit von zu Hause zu entfernen. Das kann beispielsweise bei sehr viel Verkehr mit eng werdenden Situationen, beim schnellen Fahren auf Landstraße oder Autobahn und beim Fahren durch Tunnel oder beim Fahren über Brücken und Serpentinen in den Bergen sein. Dann ist es sehr wahrscheinlich, dass Ihre Ängste eigentlich nichts mit dem Autofahren an sich zu tun haben, sondern dass die sehr starken Ängste situationsübergreifend sind. Dieses sollten Sie durch einen Psychotherapeuten abklären lassen, zu dem Ihr Hausarzt Sie überweisen kann.

Der Ratgeber hilft bei sehr starken situationsübergreifenden Ängsten nur in Kombination mit einer Psychotherapie: Sie verwenden ihn dann gemeinsam mit dem Therapeuten oder benutzen ihn erst im Anschluss an die Behandlung der allgemeinen Ängste.

Einteilung der Ängste im Zusammenhang mit Autofahren und Verkehr

Der Fahrlehrer Frank Müller und der Verhaltenstherapeut Hans-Joachim Ruhr bieten in ihrem Buch eine hilfreiche Einteilung von Ängsten im Zusammenhang mit Autofahren und Verkehr an:

Autoangst

Verkehrsangst

soziale Fahrangst

Unfallangst

Bei der Autoangst steht das Fahrzeug selbst mit seinen technischen Eigenschaften im Vordergrund und die kräftige Maschine könne den Menschen beherrschen. Die Verkehrsangst bezieht sich auf den schnellen und chaotischen Verkehr, der unübersichtlich werden könne, so dass andere durch die eigenen Reaktionen behindert oder geschädigt werden. Autofahrer, die sich vor der Kritik und der Bewertung durch andere fürchten, leiden unter der sozialen Fahrangst. Sie sind zu sehr damit beschäftigt, Fehler zu vermeiden, und nehmen ungern Beifahrer mit. Selbst, wenn es nur ein kleiner Unfall ohne wirklich nennenswerten Schaden war, kann es zur Unfallangst kommen. Die Wahrscheinlichkeit ist bei einem schweren Unfall natürlich größer. Meist wird das Fahren vermieden, um nicht weiteren Schaden anzurichten. Und **Stress im Straßenverkehr** wird durch aggressive Drängler ausgelöst. Die **Angst vor Panikattacken im Auto**, bei der überschießende Ängste mit sehr starken Symptomen (Herzrasen, Hyperventilieren) einhergehen, erfordern die Zusammenarbeit mit einem Psychotherapeuten. Alle diese sehr unterschiedlichen Ängste werden auch in diesem Ratgeber an unterschiedlichen Stellen erläutert und es wird aufgezeigt, was man tun kann, um sie zu verändern. Da die Veränderung der Ängste mit Aufwand verbunden ist, sei folgende Frage erlaubt.

Wollen Sie den Führerschein wirklich?

Bevor Sie alles Mögliche versuchen und viel Energie in den Führerschein stecken, möchte ich Ihnen eine vielleicht etwas seltsame Frage stellen. Denn mit Hilfe dieses Buches seine Angst abzubauen, bedeutet einen gewissen Aufwand und Arbeit. Das sollte sich schon lohnen und Sie daher mit einer erworbenen Fahrerlaubnis tatsächlich einige Vorteile gewinnen. Doch manchmal sind es gerade die anderen, die sich eher wundern, wenn jemand keinen Führerschein besitzt. Manchmal wird man dann richtig bedrängt, doch endlich einen Führerschein zu machen. Dann kann es aber gut sein, dass es in irgendeiner Form vor allem für die anderen einen Vorteil bedeutet. Man könnte dann nämlich spontan einspringen, etwa wenn andere zu viel getrunken haben.

Wenn Sie also eigentlich den Führerschein gar nicht brauchen, sich aber auch dem Drängen der anderen nicht entziehen können und sich geradezu verpflichtet fühlen, dann kann es sein, dass sich Ihre Psyche einschaltet. Es ist eine ihrer Aufgaben, dafür zu sorgen, dass die Dinge, die wir eigentlich nicht wollen, indirekt verhindert werden. Wie funktioniert das? Wenn Sie selbst beispielsweise den Führerschein nicht wollen, sich aber nicht trauen, dass Ihrer Umgebung zu vermitteln, dann kann die Psyche Ängste entwickeln, um das Ganze indirekt zu verhindern. Ängste beim Fahren selbst oder in der Prüfung sorgen dann dafür, dass Sie den Führerschein eigentlich nicht bekommen. Als Erklärung kann man dann sagen, dass man so viel Angst und in der Prüfung einen Blackout hatte und deshalb den Führerschein nicht geschafft hätte. Je mehr Sie mit diesem eigentlich schlechten Ergebnis dennoch eine Art Erleichterung verspüren und je mehr Sie einen weiteren Prüfungsversuch ablehnen, desto wahrscheinlicher ist es, dass Sie selbst den Führerschein nie wollten. Denn sonst müssten Sie sich ja sehr ärgern oder traurig sein, es nicht geschafft zu haben. Man kann diesen Mechanismus der Psyche auch als den „Sinn und Zweck einer Angst" bezeichnen.

Und deshalb möchte ich Ihnen diese Frage ganz direkt stellen: „Wollen SIE den Führerschein wirklich?"

Wird sich der ganze Aufwand für **SIE** lohnen, wenn Sie daran arbeiten, Ihre Angst zu besiegen und alles hinter sich zu bringen, was für einen

Führerschein nötig ist? Überlegen Sie einmal ganz für sich allein, was Ihre eigenen Vorteile sein werden, wenn Sie selbst fahren können. Was wird anders sein als heute? Da kann es sein, dass Wege und Aufgaben im Alltag, wie beispielsweise das Einkaufen oder zum Sport zu kommen, schlichtweg leichter werden. Da gewinnen Sie viel an Mobilität. Oder Sie werden unabhängiger von Mitfahrmöglichkeiten und dem öffentlichen Nahverkehr und erreichen am Ende vielleicht sogar Ziele, die Sie bisher so nicht erreichen konnten: ein ruhiger See zum Baden oder Verwandtschaft mit einem einsamen Grundstück in den Bergen Das würde bedeuten, dass Sie durch den Führerschein sogar anderen Interessen nachgehen können, weil diese für Sie auf einmal erreichbar werden. Sie werden damit unabhängiger und auch vielseitiger. Mobilität, Unabhängigkeit und Flexibilität wären also Ihr Gewinn.

Dafür brauchen Sie natürlich auch die Möglichkeit, auf ein Auto zurückgreifen zu können. Werden Sie ein eigenes Auto haben, steht in Ihrer Umgebung ein Car-Sharing zur Verfügung oder überlässt Ihr Partner wirklich unvoreingenommen und ohne schräge Bemerkungen das gemeinsame Auto? Zweifel können entstehen, wenn man sich in diesem Fall anhören muss „Aber komm mir auch ja heil wieder nach Hause!“ Als würde man das nicht selber wollen. Doch liegt in so einem Spruch eben eine gewisse Skepsis und möglicherweise auch eine übertriebene Sorge um das bisher allein genutzte Fahrzeug.

Wer bisher Angst vor dem Fahren und dem Verkehr hat, kennt vielleicht sogar folgende eigene Begründung: „In meiner Stadt brauche ich kein Auto, also auch keinen Führerschein – ich komme schließlich überall hin.“ Das kann darüber hinaus auch noch mit Umweltbewusstsein und Sparsamkeit begründet werden. Könnte es aber anderseits nicht vorteilhaft sein, den typischen Folgen von Streik oder Streckenausfall wegen Sturmböen im ÖPNV wenigstens eine Alternative entgegensetzen zu können? Wer diese Erfahrungen schon häufiger gemacht hat, wäre im Nachhinein vielleicht ganz froh gewesen, wenn er auf das eigene Auto hätte ausweichen können. In diesem Fall muss es nicht bedeuten, dass Sie mit einem Führerschein ab sofort alle Wege nur noch mit dem Auto erledigen. Aber Sie haben in besonderen Situationen und Engpässen wenigstens die Wahl und sind damit wieder flexibler. Auf jeden Fall darf es nicht bedeuten, dass Sie nur aus Angst auf diese Möglichkeit verzichten und sich dann nämlich bewusst einschränken.

Ü50 – doch noch den Führerschein?

Zu der Frage, ob Sie den Führerschein wirklich wollen, gehört auch diese Situation: Sie sind längst älter als 50 Jahre. Und bisher sind Sie ohne Führerschein ausgekommen. Aber mehr recht als schlecht? Oder waren die Bedingungen einfach so, dass Sie wirklich kein Auto brauchten? Vielleicht waren ja alle notwendigen Wege, wie auch der Weg zur Arbeit ohne Auto bestens zu erledigen. Und vielleicht waren Sie überzeugter Nutzer von Bus und Bahn und hatten das Gefühl, überall hinzukommen. Dann ist die Frage, was sich geändert haben soll, dass Sie den Führerschein jetzt auf einmal besitzen möchten. Oder vielleicht die Frage, was sich dadurch ändern wird. Es gibt für Menschen Ü50 zwei häufige Gründe für den Führerschein. Im Alter verändern sich die Rahmenbedingungen. Dazu gehört, dass bisher immer der Partner gefahren ist, dies aber aus gesundheitlichen Gründen nicht mehr kann. Oder geschieden oder sogar verstorben ist. Man hat quasi den Chauffeur verloren. Zu den Rahmenbedingungen kann auch die Veränderung der Wohnsituation gehören. Viele ziehen als Rentner aus der Stadt in ruhigere Gegenden, weil sie ja nicht mehr auf den Job Rücksicht nehmen müssen. Dort kann es bequemer oder sogar notwendig sein, ein eigenes Auto zu besitzen. Der andere häufige Hauptgrund ist der Wunsch, sich mit mehr Zeit neue Dinge zu erschließen. Dieser Moment kann für Rentner entstehen, aber auch dadurch, dass die erwachsenen Kinder inzwischen aus dem Haus sind. Dann soll Zeit sein für ein neu erwachtes Interesse oder Hobby und man möchte beispielsweise mit dem Auto Gegenden erreichen, um dort zu wandern oder das selbst mitgebrachte Fahrrad zu nutzen. Wollen Sie sich als Rentner endlich auch den Traum eines Hundes erfüllen und viel in der Natur sein? Dort kommen Sie vielleicht mit dem eigenen Auto schneller oder einfacher hin. Oder eine längere Reise mit einem gemieteten Wohnmobil? Auch dazu bräuchten Sie die Fahrerlaubnis.

Es gibt also viele Gründe, für passende Voraussetzungen zu sorgen. Dazu kann möglicherweise der Besitz eines Führerscheins beitragen.

Haben sich mit dem Älterwerden Ihre Lebensumstände, Aufgaben oder Wünsche so verändert, dass ein Führerschein wirklich hilfreich oder notwendig wäre und den Aufwand lohnt?

Teil I:
Warum ist Autofahren nur so schwer?

Lars Werner, 40,
Verkehrssachbearbeiter
für den Landkreis Bad Tölz-
Wolfratshausen, Bayern

Sven Heinrich, 51,
Leiter Verkehrssicherheit,
Berlin

„Die Ablenkung durch Facebook, WhatsApp & Co. stellt ein wachsendes Problem im Straßenverkehr dar."

„Es ist immer sinnvoll, vorausschauend zu fahren und Fehler von anderen miteinzukalkulieren."

Was ist für Sie eigentlich ein Fahranfänger?

Herr Heinrich: Grundsätzlich ist jeder Fahranfänger, der erst kürzlich seinen Führerschein erworben hat. Das können also sowohl junge als auch ältere Personen sein. Zur Hochrisikogruppe zählen unserer Erfahrung nach allerdings besonders die jungen Erwachsenen in der Altersgruppe zwischen 18 und 24 Jahren.

Hochrisikogruppe heißt, sie sind überproportional im Vergleich zum Rest der Bevölkerung in Verkehrsunfälle verwickelt?

Herr Heinrich: Ja, das sind sie. In Berlin haben wir rund 260.000 junge Erwachsene in der angesprochenen Altersgruppe. Das sind zwar nur zirka 7 Prozent der Berliner Bevölkerung, dennoch sind sie an 11 Prozent der Unfälle beteiligt. Bei genauerer Betrachtung zeigt sich, dass über 62 Prozent dieser Unfälle von dieser Altersgruppe sogar selbst verursacht werden. Das ist eine ganze Menge. Davon wiederum eine Vielzahl durch junge, männliche Autofahrer.

Welche Fehler machen Fahranfänger denn aus Ihrer Erfahrung am häufigsten?

Herr Heinrich: Ein großes Problem im Großstadtverkehr ist der mangelnde Sicherheitsabstand zum voraus- aber auch nebeneinander fahrenden Auto. Das Problem liegt aber auch in anderen Altersgruppen vor. Daneben birgt der Fahrstreifenwechsel für Fahranfänger Risiken. Einen weiteren Schwerpunkt bilden Fehler beim Abbiegen. Diese sind meistens sehr schwerwiegend, hier kommt es regelmäßig zu Toten und Verletzten. Hinzu kommen noch Vorfahrtsfehler und eine nicht angepasste Geschwindigkeit. Interessant ist, dass Alkohol in der Altersgruppe der 18- bis 24-Jährigen keine überproportionale Rolle spielt. Hier werden die meisten Unfälle von Erwachsenen über 25 verursacht.

Herr Werner: Dem kann ich mich grundsätzlich anschließen, auch wenn auf dem Land Unfälle aufgrund erhöhter Geschwindigkeitsverstöße etwas häufiger vorkommen als aufgrund des nicht eingehaltenen Sicherheitsabstands. Nicht zu vergessen ist deswegen auch das falsche Einschätzen der Geschwindigkeit, etwa im Rückspiegel auf der Autobahn. Hinzu kommen auch zu starkes Bremsen oder Beschleunigen. Das ist besonders im Winter bei Eis und Glätte ein Problem. Meistens wird der Führerschein ja im Sommer gemacht. Bei Schnee und Eis fehlt dann im ersten Jahr die Erfahrung.

Woher rühren die angesprochenen Fehler?

Herr Heinrich: In dieser Altersgruppe meistens aus Unerfahrenheit, aber auch aus einer höheren Risikobereitschaft, Imponiergehabe und das Austesten von Grenzen. Nicht zu vergessen sind hier aber auch die komplexen Bewegungsabläufe – also Kuppeln, Schalten, Gas geben und Lenken – parallel zum Straßenverehr. Besonders für unroutinierte Fahrer erfordert das viel Konzentration. Ein großes Problem steckt zudem in der Ablenkung, beispielsweise durch das Handy, das Navi oder eine Zigarette.

Herr Werner: Stimmt, die Ablenkung durch Facebook, WhatsApp & Co. stellt ein wachsendes Problem im Straßenverkehr dar. Die Smartphone-Nutzung während des Autofahrens birgt ein enormes Risikopotenzial, auch wenn diese Unfallursache für uns häufig schwer nachzuweisen ist. Generell gilt: Keine Nachricht ist so wichtig, dass sie während einer Autofahrt beantwortet werden muss.

Neben der Unachtsamkeit ist auch die Nervosität ein großes Problem bei Fahranfängern. Sie führt oft zu Fehlern, etwa dem Verreißen des Lenkrads in brenzligen Situationen. Deswegen kann besonders bei Fahranfängern das begleitete Fahren eine Option sein, also zum Beispiel mit der Mutter oder dem Vater auf dem Beifahrersitz. Das schafft Sicherheit. Damit haben wir gute Erfahrungen gemacht.

Gibt es eigentlich Unterschiede zwischen Fahranfängern, zum Beispiel bezogen auf Geschlecht, Stadt oder Land?

Herr Werner: Ja, die gibt es. In Bezug auf das Geschlecht lässt sich sagen, dass Fahranfängerinnen deutlich umsichtiger fahren als die männlichen. Sie machen den Führerschein meistens aus pragmatischen Gründen, zum Beispiel weil sie schneller ins Büro kommen möchten. Der Führerschein ist bei ihnen also häufig Mittel zum Zweck. Bei vielen Männern hat der Führerschein hingegen etwas mit Selbstdarstellung oder sogar Hobby zu tun. Besonders auf dem Land gibt es beispielsweise eine aktive Tuningszene.

Und: Fahranfängerinnen und Fahranfänger, die auf dem Land den Führerschein erwerben und später auch in der Großstadt Autofahren, tun sich dort erfahrungsgemäß schwerer.

Herr Heinrich: Es gibt dazu auch eine Studie aus dem Jahr 2009, den Evaluationsbericht des Kraftfahrtbundesamtes im Auftrag der Bundesanstalt für Straßenwesen, bezogen auf das „Begleitete Fahren mit 17 Jahren“. Ein Ergebnis ist tatsächlich, dass Fahranfängerinnen bei Unfällen und anderen Verkehrsverstößen fast nicht in Erscheinung treten. Frauen fahren defensiver. Laut der Studie gibt es keine bedeutsamen Unterschiede etwa in Bezug auf Bildungsstand, Stadt und Land oder Elternvorbild. Das hätte ich so nicht gedacht, rein subjektiv nimmt man das anders wahr.

In Bezug auf die Unfallhäufigkeit ist auch zu unterscheiden, ob Fahranfänger uneingeschränkten Zugriff auf einen PKW, also ein eigenes Auto, haben oder nur eingeschränkt, zum

Beispiel das Auto der Eltern, nutzen. Die zuerst genannte Gruppe ist häufiger an Unfällen beteiligt. Das ist eigentlich auch logisch: Wer mehr fährt, kann auch mehr Unfälle aufgrund der höheren Kilometerleistung bauen.

Was kann man tun, um sich möglichst sicher am Straßenverkehr zu beteiligen – egal ob als Fußgänger, Fahrradfahrer oder Autofahrer? Wo liegen die Risiken und wie kann man sie vermeiden?

Herr Werner: Ein Grundrisiko gibt es beim Autofahren immer. Da sind sich Polizisten und Verkehrsexperten einig. Natürlich gibt es Risiken, die man als Fahranfänger vermeiden könnte: Hierzu zählen die Rushhour morgens und abends, extreme Wetterlagen, Überholmanöver oder das Fahren nachts, wenn man sich damit schwertut. Allerdings sollte man sich auch als Fahranfänger diesen Situationen ab und an aussetzen und sie bewusst wahrnehmen. Hilfreich können hier gerade auch für Anfänger Fahrsicherheitstrainings sein.

Was man tun muss: Sich in Sachen neuer Verkehrsgesetze auf dem Laufenden halten! Sie treten meistens zum Jahresbeginn in Kraft. Ein klassisches Beispiel ist der anfahrende blinkende Schulbus. Obwohl das Gesetz hierzu bereits über 10 Jahre in Kraft ist, wissen viele noch immer nicht, was hier zu tun ist – dem Bus Vorfahrt geben und falls nötig abbremsen oder sogar halten.

Wichtig ist auch, dass man vorausschauend fährt und keine unkalkulierbaren Risiken, etwa beim Überholen, eingeht. Zudem ist es auch wichtig, umsichtig zu fahren und sich bewusst zu sein, dass ein anderer Verkehrsteilnehmer auch einmal ein Stoppschild missachten oder einem die Vorfahrt nehmen kann.

Herr Heinrich: Stimmt, Risiko lässt sich beim Autofahren nicht verhindern, es lässt sich nur minimieren. Ich rate deswegen nicht nur Fahranfängern zu einem eher defensiven als offensivem Fahrstil. Es ist immer sinnvoll, vorausschauend zu fahren und Fehler von anderen miteinzukalkulieren.

Herr Werner: Ein Punkt ist mir noch wichtig. Es macht aus Sicht der Eltern Sinn, beim ersten Auto für die Kinder sowohl auf aktive als auch auf passive Sicherheitssysteme zu achten. Ein bekanntes und wichtiges passives Sicherheitssystem ist der Airbag. Aktive Systeme können mittels Sensor zum Beispiel einen zu geringen Abstand zum voraus- oder nebeneinander fahrenden Auto anzeigen.

Haben wir zu viele Regeln und Straßenschilder, die es immer komplizierter machen, Verkehrsteilnehmer zu sein?

Herr Heinrich: Wir haben 53 Paragraphen in der StVO, das Strafgesetzbuch hat dagegen 358. Ich bin der Meinung, dass wir nicht zu viele Verhaltensregeln im Straßenverkehr haben. Schließlich muss geregelt sein, wer wann Vorfahrt hat, welche Straßenteile benutzt werden dürfen und ob man bei Grün oder Rot an der Ampel fahren darf. Hinzu kommt, dass von Kraftfahrzeugen ein erhöhtes Gefährdungspotenzial auch für andere ausgeht, allein das bedingt klare Regeln. Hinsichtlich der Verkehrsschilder gibt es sicher viele, die notwendig sind, andere aber auch tatsächlich nicht.

Herr Werner: In Bayern wurde vom Innenminister das Verkehrssicherheitsprogramm 2020 initiiert, mit dem Ziel, die Zahl von Verkehrsunfällen und der Verletzten auf Bayerns Straßen nachhaltig zu senken. Im Zuge dessen steht auch der Schilderwald auf dem Prüfstand, besonders wenn es um falsche oder aber fehlende Beschilderung geht. Hier ist es sicher sinnvoll, genauer hinzuschauen und die Anzahl der Schilder auf den Straßen zu reduzieren. Ein Verkehrsschild kann nämlich nicht alles regeln. Eine Gesetzesgrundlage ist mit Paragraph 45, Absatz 9 StVO bereits geschaffen. Beschilderungen sind demnach nur dort vorzunehmen, wo die allgemeine Verkehrsgefahr erheblich ist. Also zum Beispiel: Wo es für den durchschnittlichen Verkehrsteilnehmer nicht zu erkennen ist, dass eine enge Kurve kommt. Aber: Eine Reizüberflutung durch Schilder ist unbedingt zu vermeiden! Etwa bei Parkschildern in Form von eingeschränktem Halteverbot, Zonenhalteverbot, Parkausweiszonen für Anwohner, Gehwegparken etc.

Wenn Sie einen Wunsch frei hätten: Was sollten möglichst alle Autofahrer ab morgen anders machen?

Herr Werner: Da fällt mir spontan die Geschwindigkeit ein. Die Verkehrsteilnehmer sollten sich an die vorgeschriebene Geschwindigkeit halten und stets der Witterung angepasst fahren. Ansonsten: Hände ans Steuer und weg vom Smartphone! Darunter leiden Aufmerksamkeit und die eigene Sicherheit sowie die der anderen Verkehrsteilnehmer.

Herr Heinrich: Hilfreich wäre schon, wenn alle Autofahrer sich an Paragraph 1 der StVO halten würden: ständige Vorsicht und Rücksichtnahme gegenseitig und sich so verhalten, das kein anderer zu Schaden kommt oder gefährdet wird. Allein dann wäre es auf deutschen Straßen deutlich sicherer.

Wie können sich Fahranfänger auf ihre erste Fahrt alleine vorbereiten – was schafft bei der ersten Fahrt (alleine) genügend Sicherheit?

Herr Heinrich: Sie sollten Verkehrssituationen wählen, die weniger komplex sind, also zum Beispiel nicht im Berufsverkehr oder zu Ferienbeginn, sofern das eben möglich ist, vertraute Strecken wählen und sich an schwierigere Verkehrssituationen langsam herantasten. Sinnvoll ist es auch, sich vor Fahrtantritt ein Bild von Straßen- und Witterungsverhältnissen zu machen, denn Eis oder Glätte sind sicher kein idealer Belag für Fahranfänger. All das gilt allerdings nicht nur für Fahranfänger, sondern auch zum Beispiel für Senioren, die etwas unsicher hinter dem Steuer geworden sind.

Herr Werner: Wichtig ist darüber hinaus auch ein gutes Zeitmanagement. Also lieber ein bisschen mehr Zeit für eine Fahrt einplanen, damit keine Hektik aufkommt. Sehr wichtig ist es zudem, sein Fahrzeug zu kennen: Wo ist der Scheibenwischer, wo das Licht oder die Warnblinkanlage? Wertvoll ist auch zu schauen, wo sich das Warndreieck oder der Erste-Hilfe-Kasten befindet, damit man bei einer Panne oder einem Unfall nicht lange danach suchen muss.

Haben Sie abschließend einen persönlichen Tipp für diejenigen, die bisher aus Angst zögern, den Führerschein zu machen oder zu nutzen?

Herr Heinrich: Nicht zögern, einfach machen! Selbst dann, wenn sie noch kein eigenes Auto in Aussicht haben. In jungen Jahren lernt es sich einfacher. Und wer sich als Fahranfänger unsicher fühlt, sollte einfach zu Beginn mit einer Vertrauensperson fahren, die Tipps geben kann und Sicherheit ausstrahlt. Übrigens: Auch wenn man eine Fahrerlaubnis erworben hat, ist es gerade in einer Großstadt oft sinnvoller, die öffentlichen Verkehrsmittel zu nutzen. Natürlich profitiert man auch als Radfahrender vom erworbenen Wissen und Können als Kraftfahrer und kann sich damit sicherer im Straßenverkehr bewegen. Wer übrigens den Führerschein hat, sich aber unsicher fühlt, weil er lange Zeit nicht mehr gefahren ist, kann sich auch an eine Fahrschule wenden, viele bieten Auffrischungskurse an.

Herr Werner: Es gibt übrigens auch Infoveranstaltungen in den Fahrschulen. Dort verraten die Fahrlehrer den angehenden Fahrschülern, wie eine Fahrprüfung genau abläuft und wie der Unterricht vonstatten geht. Wer Angst hat, sollte einfach solche Veranstaltungen besuchen, am besten sogar von unterschiedlichen Fahrschulen. Das verschafft einen guten Überblick und baut Hemmschwellen ab. Wichtig ist auch, dass der Führerschein nicht als notwendiges Übel gesehen wird, sondern viele Chancen bietet. Bei vielen Berufen wird ein Führerschein der Klasse B vorausgesetzt.

Und wer Angst hat, den Führerschein zu nutzen, sollte über den bereits angesprochenen Auffrischungskurs wirklich nachdenken und vielleicht sogar ein Sicherheitstraining absolvieren.

Autofahren und dafür einen Führerschein zu besitzen ist in unserem Alltag zur Selbstverständlichkeit geworden. Und so stellen sich im Laufe eines jeden Jahres viele Menschen der Prüfungssituation in ihrer Fahrschule. Viele schaffen es auf Anhieb – und nehmen ihren neuen Führerschein gleich mit. Warum gibt es aber auf der anderen Seite Menschen, die schon bei der bloßen Vorstellung der Fahrprüfung in ihrer Fantasie tatsächlich aufgeregt werden – obwohl doch noch gar nichts geschehen ist? Oder diejenigen, die spätestens am Prüfungstag selbst am liebsten zu Hause bleiben möchten, denn je näher der Moment rückt, umso aufgeregter werden sie? Der Gedanke, mit ziemlicher Sicherheit durchzufallen, wird dabei zum ständigen Begleiter. Und wer sich dann doch der Prüfung stellt, ist spätestens jetzt so aufgeregt, dass man viel mehr an alle möglichen Fehler denkt und sich kaum auf die reale Situation am Lenkrad konzentrieren kann.

Diejenigen Fahranfänger, die sich mit deutlich gemischten Gefühlen in den Verkehr wagen, sind zu Beginn mit den vielen neuen Dingen, die sie gleichzeitig tun sollen, überfordert. Da gilt es, den gesamten Verkehr zu überblicken und sich entsprechend zu verhalten. Daneben erfordert das Auto mit seiner Technik volle Aufmerksamkeit: Pedale, Schalten, Blinker und darüber hinaus auch noch mehrere Spiegel und die Anzeigen im Armaturenbrett. Auf einer abstrakten Ebene kommt auch noch die Verantwortung für sich, das Auto, den Fahrlehrer und alle übrigen Verkehrsteilnehmer hinzu, sowie die Tatsache, relativ spontan selbstständige Entscheidungen treffen zu müssen.

In Fahrstunden werden problematische Situationen, z. B. das Anfahren mit Handbremse am Berg immer und immer wieder geübt. In der Hoffnung, dass es irgendwann funktioniert. Dabei haben viele Fahrfehler gar keine technische Ursache, etwa weil jemand ungeschickt ist oder nicht weiß, wie es richtig geht, sondern die Fahrfehler sind Folge von Unsicherheit und Angst. Immer wieder Üben und Üben kann gar keine wirkliche Sicherheit erzeugen, sondern sorgt mehr dafür, dass sich die vorhandenen Unsicherheiten verfestigen. War jemand bei den ersten Anfahrversuchen nur zitternd, kommen schon bald Schweißausbrüche dazu. Je stärker die Aufregung wird, umso geringer ist die Chance, diese Situation angemessen zu bewältigen. Die technische Seite des Autofahrens ist die eine Seite – die andere Seite ist, mit welcher Einstellung man sich dieser Technik nähert oder sich von ihr überwältigt fühlt.

Drei grundlegend verschiedene Ausgangssituationen werden nun also deutlich: zunächst die Ausbildung schaffen und die Prüfungen bestehen. Dann mit dem Führerschein tatsächlich allein loslegen. Oder nach einer längeren Pause den Einstieg wiederfinden. In diesem Teil des Ratgebers sollen diese verschiedenen Situationen zunächst näher beschrieben werden. Achten Sie beim Lesen darauf, ob die Beschreibungen auch auf Sie zutreffen.

1 Aller Anfang ist schwer: von der ersten Fahrstunde bis zur bestandenen Prüfung

Man darf sicher davon ausgehen, dass jeder ein Auto von innen kennt und auch schon oft bei anderen mitgefahren ist. Damit ist die Situation an sich ja nicht unbekannt. Etwas Unbekanntes löst nämlich grundsätzlich eine Art Vorsicht oder Respekt aus. Die Vorsicht bewirkt, dass man sich einer neuen Situation mit genügend Aufmerksamkeit zuwendet und nicht einfach blindlinks hineinstolpert. Doch da das Autofahren in unserer Gesellschaft so verbreitet ist, sind diese Art von Vorsicht und Respekt an dieser Stelle nicht mehr nötig. Autofahren gehört für die meisten als Erfahrung zum Alltag und benötigt daher keine besondere Aufmerksamkeit. Doch sobald Angst ins Spiel kommt, sieht das alles anders aus. Und schon werden Situationen, die für viele nebenbei erledigt werden, für den ängstlichen Menschen etwas Besonderes. Vor dem selbstständigen Fahren ist die Fahrerlaubnis zu erlangen und damit nach vielen, zum Teil sehr unterschiedlichen Fahrstunden mit der theoretischen und praktischen Prüfung zu bestehen. Nicht jeder legt nun gleich los und nutzt jede Gelegenheit zum Fahren. Ganz im Gegenteil wird dieser Start von vielen hinausgezögert. Und selbst wenn das reibungslos ablief, kann es auch noch viel später zu Unterbrechungen kommen. Schauen wir uns das im Detail einmal an.

1.1 Die erste Fahrstunde

Auch wenn Sie bisher schon oft auf dem Beifahrersitz mitgefahren sind, macht es einen Unterschied, schon gleich mit der ersten Fahrstunde selbst am Steuer zu sitzen. Vor allem geht es ja nicht nur um den neuen Sitzplatz. Damit ist gleichzeitig verbunden, dass Sie es sind, der das Auto in Bewegung setzt, unter Kontrolle behält und dabei auch noch den Verkehr im Blick hat. Das ist ein bisschen viel Verantwortung auf einmal und vielleicht haben deshalb viele Fahrschüler gerade vor der ersten Fahrstunde Angst: „Beim bloßen Gedanken daran, dass ich fahren soll, fühle ich mich schon schlecht." Wem das durch den Kopf geht, dem kann es schnell passieren, den Start der Fahrausbildung immer und immer wieder zu verschieben und das Autofahren damit zu vermeiden. Gleichzeitig bleibt aber der Plan im Hinterkopf, den Führerschein zu besitzen. Und auch durch unsere Umgebung werden wir sicher regelmäßig daran erinnert: „Du wolltest doch den Führerschein machen – hast Du eigentlich schon angefangen?" Es hilft also eigentlich nichts, es vor sich herzuschieben, doch die Bedenken und die Angst sind eben größer. Und damit mächtiger.

1.2 Während der Fahrausbildung

Wem es gelungen ist, den Startschuss zu fällen, auch wenn er sich dafür vielleicht einen Ruck geben musste, der ist jetzt eigentlich mitten drin im Fluss. Und so lernt man Stück für Stück und könnte dadurch sicherer werden. Doch immer wieder neue Situationen müssen kennengelernt werden, die der Fahrlehrer gezielt in die Fahrstunden einbaut. Und so kann es entsprechend auch immer wieder neue Bedenken geben, selbst wenn man schon einige Fahrstunden hinter sich hat: „Ja, das mit dem Kuppeln, Schalten und Blinken bekomme ich inzwischen ganz gut hin. Aber mir graut jetzt schon vor den besonderen Fahrten – ich auf der Autobahn, auf der Landstraße oder im Dunkeln – das wird doch nichts!" Der Fahrlehrer wird diese Stunden selbstverständlich einplanen, doch auch hier kann die Angst natürlich dazu führen, diese Situationen zu vermeiden und damit die Ausbildung in die Länge ziehen.

1.3 Die Führerscheinprüfung

Das Ziel der vielen Unterrichtsstunden ist die eigentliche Führerscheinprüfung. Ein erfahrener Fahrlehrer wird mit Ihnen den richtigen Zeitpunkt dafür besprechen, denn er kann Ihre Autofahrfähigkeiten am besten einschätzen. Man könnte deshalb davon ausgehen, dass er Ihnen das Bestehen der Fahrprüfung zutraut, da er Sie mit Sicherheit nicht durchfallen lassen will. Doch viele Fahrschüler schätzen sich selbst schlechter ein und haben zum Teil große Bedenken, durch die theoretische oder praktische Prüfung zu fallen.

Und so beginnt eine heiße Zeit in dem Moment, wo man sich für die Prüfung anmeldet. Denn jetzt wird es konkret und man kann schnell ausrechnen, wie viele Fahrstunden man noch haben wird und wie viele Tage noch zum Lernen bleiben. Manche werden ab jetzt unruhig, denn sie stellen sich den Tag X in ihrer Fantasie vor. Und der rückt unaufhaltsam näher. Wenn die übrigen es schaffen, die noch verbleibende Zeit relativ neutral zu sehen, dann kann sich dies unmittelbar vor der Prüfung ändern: Ein paar Tage davor oder mindestens die letzten 24 Stunden werden dann auch mit einer deutlich angestiegenen Unruhe erlebt. Als Letzte gibt es noch die Angsttypen, die auch das überstehen, aber in der Prüfung selbst plötzlich ein Nervenbündel sind. Dies ist dann fast die ärgerlichste Variante, weil bisher alles gut lief, nur die Prüfung selbst dann unter so schlechten Bedingungen. Dann kann es nämlich passieren, dass Dinge, die beim Üben von Theorie oder Praxis selbstverständlich funktionierten, wie weggeblasen sind: ein klassischer Blackout.

Welcher Teil der Prüfung einem mehr liegt, ist ganz unterschiedlich. Einige finden überhaupt Prüfungen schrecklich. Manche schätzen den Theorieteil leichter ein, weil es für sie davon abhängt, wieviel sie allein zu Hause gelernt haben. Man hat das also mehr in der Hand. Dagegen kann die praktische Prüfung so vielen Zufällen unterliegen: Wie ist der Prüfer drauf, welche Strecke wählt er eher zufällig und wie ist dann dort die aktuelle Verkehrssituation? Viele Zufälle auf die man sich spontan einstellen muss. Doch unabhängig davon, ob dem einen mehr die theoretische und dem anderen mehr die praktische Prüfung Sorgen bereitet, ist in den meisten Fällen die Tatsache wichtig, dass ja in beiden Prüfungsteilen die Beurteilung durch eine fremde Person dazukommt. Beim Ausfüllen am PC nicht wirklich direkt, doch in der Fahrprüfung sitzen die bewertenden Augen schräg hinter den Prüflingen.

Deutlicher kann man nicht demonstrieren, dass hier gerade jemand beobachtet und geprüft wird.

1.4 Durchgefallen – alles noch mal von vorn?

Bestanden oder durchgefallen? Gerade dieses Entweder-oder, nämlich die „50/50-Chance" ist etwas, was vielen Menschen nicht nur bei der Führerscheinprüfung ein ungutes Gefühl erzeugen kann. Schließlich ist es wie das Russische Roulette: Beim Abdrücken der Pistole könnte eine Kugel einen Schuss auslösen. Oder eben auch nicht. Und dann ist bei der Prüfung genau dieser Fall eingetreten: Das Schicksal hat gegen mich entschieden. Durchgefallen. Man hätte es ja eigentlich auch schaffen können. Wie konnte das bloß passieren? Viele ärgern sich, andere sind traurig. Manchen ist es zutiefst peinlich gegenüber den gleichaltrigen Freunden, den Klassenkameraden oder der Familie. Gelassen geht eigentlich niemand damit um, weil das Ganze ja damit auch noch nicht zu Ende ist. Die Fahrprüfung kann wiederholt werden und da man den Führerschein schließlich auch haben wollte – das war der ursprüngliche Plan, weshalb man überhaupt mit dem Lernen begann – ist es klar, dass man in die nächste Runde geht. Also, alles noch mal von vorn? Zum Glück nicht. Die Kenntnisse, die bisher erworben wurden, sind ja nicht auf einmal weg. Also könnte man auf dieser Basis aufbauen. Doch das geht nur mit einer genauen Analyse, woran es gelegen haben könnte. Was dabei gefunden wird, muss bis zum nächsten Versuch angegangen werden. Doch wenig hilfreiche Gedanken machen die Sache nicht leichter. „Dieses Mal MUSS es aber klappen!" Das soll eigentlich anspornen, doch führt es tatsächlich zum Gegenteil: Der Druck, der vielleicht schon beim ersten Versuch ziemlich groß war, wird noch stärker. Das Wort „muss" signalisiert unbewusst, dass es kein Entweder-oder mehr gibt. Jetzt ist wirklich nur noch ein Ergebnis erlaubt. Und die Anspannung steigt. Dazu passt eine Bemerkung, die gelegentlich Eltern oder Partner machen, ohne zu wissen, dass sie damit mehr Schaden anrichten, als das es helfen würde: „Komm mir bloß nicht ohne den Führerschein nach Hause." Im Klartext heißt das: Nur ein einziges Ergebnis ist erlaubt – über andere Möglichkeiten braucht man gar nicht erst nachzudenken. Und das macht Druck.

2 Alleine fahren

Ist die Fahrprüfung geschafft, ist es nicht für jeden selbstverständlich, endlich allein umherfahren zu dürfen. Tatsächlich schaffen viele nicht den Schritt. Es hängt einerseits mit der fehlenden Routine und Erfahrung zusammen: Die kann man so frisch nach bestandener Prüfung ja gar nicht haben. Also müsste man daran arbeiten, erfahrener und ruhiger beim Autofahren zu werden, was eben nur mit regelmäßiger Übung zu erreichen ist. Das ist schon ein Widerspruch in sich: Weil man sich nicht traut, hat man so wenig Übung. Doch erst mit mehr Übung würde man sich mehr und mehr trauen. Wo also anfangen?

Wenn Sie sich andererseits aber nur in Begleitung anderer zu fahren trauen, dann ist Ihre Unsicherheit grundsätzlich zu stark und eine Angst zu groß. Und es bedeutet, dass Sie immer nach einer ausweichenden Lösung suchen müssen, die aber dazu beiträgt, das ideale Verhalten zu vermeiden. Ideal wäre es, wenn es Ihnen im Prinzip egal ist, ob Sie allein fahren oder ob jemand mitkommt.

Es können die Stressmomente sein, die auch schon die Fahrstunden so schwierig gemacht haben. Vielleicht haben Sie diese mühsam überstanden und sich auch mehr oder weniger durch die Fahrprüfung gequält – das hatte alles ein Ziel: den Führerschein endlich zu haben und damit die Ausbildung endlich abhaken zu können. Der Druck dahinter hat Ihnen vielleicht in mancher Situation geholfen, sich zu überwinden und es hinter sich zu bringen. Mit der Fahrerlaubnis in der Hand ist das Autofahren nun aber ganz und gar freiwillig. Viele, die eine Alternative zum eigenen Auto haben, greifen lieber darauf zurück. Es ist mit deutlich weniger Aufregung verbunden, andere fahren zu lassen oder den öffentlichen Nahverkehr zu benutzen. Und weniger oder keine Aufregung bedeutet weniger Anstrengung. Es ist nachvollziehbar, dass wir uns gern für den leichteren Weg entscheiden. Doch damit wäre der Traum von Unabhängigkeit und selbstständigem Fahren dahin.

Ein wichtiger Moment dabei ist die Tatsache, dass unser Fahrlehrer nicht mehr neben uns sitzt. Endlich gibt er keine Aufgaben mehr – aber er passt dafür auch nicht mehr auf! Es gibt Fahranfängern in der Ausbildung natürlich ein Gefühl von Sicherheit, dass der Fahrlehrer im Notfall eingreift. Oder die Pedale in seinem Fußraum bedient und für uns scharf bremst. Sicher hatte er in manch einer Fahrstunde die eine oder andere Situation damit im Griff und entschärft. Es ist dieses Gefühl von Verantwortung, die auf einmal ganz bei uns allein liegt. Wir haben die komplette Verantwortung für uns, das Auto, mögliche andere Insassen und den Verkehr um uns herum. Was immer auch geschieht: Wir sind ein Teil davon. Ergibt sich also eine schwierige Situation, dann müssen wir allein entscheiden und reagieren. Wie das Ganze dann ausgeht – dazu tragen wir einen gewissen Teil bei. Und genau diese Verantwortung spüren viele ängstliche Führerscheinbesitzer, wenn sie trotz Führerschein nicht fahren mögen.

Doch es gibt auch noch einen anderen wichtigen Aspekt, wenn man allein fährt. Ganz allein ist man nicht. Da ist schließlich noch das Auto. Eigentlich geht es dabei um eine Art Teamwork. Doch immer mehr verhält sich das Auto auf seine Art selbstständig, obwohl wir doch am Steuer sitzen. Aber hat man das sprichwörtliche „Steuer in der Hand"?

Wer von uns führt – Auto oder ich?

Das Auto ist der andere Unsicherheitsfaktor, weshalb mancher sich gegen das Alleinfahren entscheidet. Das Gefühl sagt einem, dass man nämlich nicht allein ist. Da ist noch das Auto, also die Maschine. Und es scheint, als führe es manchmal ein Eigenleben und macht Dinge, die man nicht wollte. In Bezug auf neueste Technik stimmt das sogar.

Immer mehr sogenannte Assistenzsysteme sind Teil der Technik – Spurhalte-, Brems- oder Einparksysteme übernehmen ihren Dienst vollkommen selbstständig. Einige ja sogar ohne unser bewusstes Zutun. Neueren Datums sind die Verkehrszeichenerkennung, Kollisionswarnungen mit automatischer Notbremsung und Fernlichtassistenten. Das kann gut für die Sicherheit insgesamt sein. Doch es kann auch ein seltsames Gefühl erzeugen, dass das Auto etwas mit mir macht. Dann ist die Frage berechtigt: Wer führt hier eigentlich? Dazu kommt noch die Kraft des Autos, die erst eine entsprechende Geschwindigkeit möglich macht. Aber auch die Wucht, die es bedeutet, ein Auto zum Stillstand zu bekommen. Die Bremsübungen während des Unterrichts haben einen Eindruck davon geben können, wie stark man selbst bei niedrigen Geschwindigkeiten bremsen muss und wie lange es trotzdem noch dauert, bis Ruhe einkehrt. In dieser Zeit kann man eigentlich nur am Steuer warten, bis das Auto sich entschieden hat, stehen zu bleiben. Man selbst ist machtlos und fühlt sich wie auf Glatteis: Man rutscht und kann nichts tun, um auf der Stelle stehen zu bleiben.

3 Wiedereinsteiger nach einer Fahrpause

Es ist irgendwie schon ärgerlich, wenn man einen Führerschein besitzt, und ihn trotzdem nicht mehr benutzt: Aus unterschiedlichsten Gründen ist es zu einer Unterbrechung gekommen – kein eigenes Auto, ein Unfall oder sich eben nicht trauen, zu fahren. Schnell vergehen die Monate und eh man sich versieht, kommen Jahre zusammen, in denen Sie nicht hinter dem Steuer saßen. Dann fühlt es sich ganz so an, wie damals, als der Führerschein gerade ganz frisch war. Man glaubt, alles wieder verlernt zu haben und dadurch wird die Hürde, sich wieder hinter das Steuer zu setzen, immer höher. Tatsächlich fehlen ja so etwas wie Routine und laufende Erfahrungen, die dabei helfen, in der Sache drin zu bleiben. Und gleichzeitig wird man immer kreativer im Finden von Lösungen, alles ohne Auto zu erledigen. Während der längeren Pause können sich vielleicht auch Dinge geändert haben: Verkehrsregeln, die Technik im Auto und sogar Straßenführungen und andere Neu- und Umbauten.

Der Wiedereinstieg wird immer schwieriger, weil es einen Zusammenhang zwischen der Fahrvermeidung und dem Selbstbewusstsein gibt: Mit fehlenden positiven Erfahrungen im Alltag und gleichzeitig schlechten Erfahrungen (durch einen Unfall oder nörgelnde Beifahrer) schwindet das Zutrauen in die eigenen Fähigkeiten immer mehr. Damit wird aber auch das Selbstbewusstsein immer kleiner.

Die Gründe, wie es zu einer Fahrpause kommt, können also sehr unterschiedlich sein:

- Sie haben **kein Auto mehr** (aufgrund von Alter und technischen Mängeln hat der TÜV es sprichwörtlich „aus dem Verkehr gezogen", Sie können sich ein eigenes Auto nicht mehr leisten oder durch die Auflösung einer Partnerschaft ist das Fahrzeug beim getrennten Expartner verblieben).

Beifahrer

- Sie haben **schlechte Erfahrungen mit Beifahrern** gemacht, weil diese zu viel in das Fahren reinquatschen, ständig nörgeln und alles besser wissen. Übrig bleibt das Gefühl, es eh nicht zu können oder es den anderen niemals recht machen zu können. Meistens handelt es sich gerade um die sehr nahestehenden Personen, nämlich den Partner, die Eltern oder andere Familienmitglieder.

  Der besondere Beifahrer: Fahrschüler haben aber auch Angst vor den kritischen Äußerungen des Fahrlehrers, der im Prinzip ja auch ein Beifahrer ist.
- Seit einem Unfall haben Sie kein sicheres Gefühl mehr im Auto und die schlechte Erfahrung hat Sie verunsichert, ob Sie überhaupt gut fahren können. Durch schlechte Nachrichten über schwere Unfälle fühlen Sie sich in Ihrer unsicheren Haltung bestätigt.

eigenartige Situationen

- Eher schleichend ist der Prozess, wenn es sich um das Ergebnis einer Ansammlung von eigenartigen Situationen handelt. Häufig beginnt es mit einer unangenehmen Autobahnfahrt, die sich beispielsweise aus einer zu langen Fahrt mit schlechter Sicht bei Regen, vielen LKWs und Dränglern zusammengesetzt hat. Um Stress zu vermeiden, wird auf die Landstraße ausgewichen. Doch auch dort können unangenehme Situationen durch schlechte Sicht und schwierige Momente entstehen. So wird das Auto bald nur noch für Erledigungen zwischen den Ortschaften, zum Einkaufen oder bei Besuchen genutzt. Immer mehr zieht man sich dann zurück, bis eines Tages das Auto stehen bleibt und man immer die anderen fahren lässt.

Alle Gründe sind für Außenstehende durchaus nachvollziehbar. Doch das heißt nicht, dass es deshalb auch so bleiben muss. Aus schlechten Erfahrungen kann also ein Ergebnis resultieren, sich aus entsprechenden Situationen zurückzuziehen. Doch es handelt sich immer dann um eine unnötige Vermeidung, wenn man eigentlich Fahren möchte oder das Auto sogar benötigt, es aber dennoch nicht nutzt.

4 Die Momente der Angst hinter dem Steuer

So verschieden, wie wir Menschen nun einmal sind, so vielfältig gestalten sich auch die Momente, die hinter dem Steuer Angst erzeugen können. Und auch der Verkehr schafft die unterschiedlichsten Situationen, die selbst schon in der gedanklichen Vorstellung Sorgen bereiten können. Gerade in einer Stadt können quasi an jeder Ecke solche Situationen entstehen, wenn mehrere Fahrzeuge an einer gemeinsamen Verkehrslage beteiligt sind. Manch einer wünscht sich dann eine ruhige Landstraße. Wer dort aber schon mal hinter einem Bauern mit seinem Trecker hinterhertrottete und auf eine Möglichkeit zum Überholen wartete, weiß, dass sich auch das brenzlig anfühlen kann, wenn die Landstraße durch zahlreiche Kurven immer wieder unübersichtlich ist und sich gleichzeitig hinter einem selbst eine Autoschlange bildet. Das macht quasi Druck von hinten, aber das Überholen nicht leichter. Richtig Platz zum Überholen hätte man stattdessen auf der Autobahn. Schließlich stehen ja zwei oder drei Spuren in dieselbe Richtung zur Verfügung. Dafür muss aber eine höhere Geschwindigkeit und so manch Drängler in Kauf genommen werden. Abgesehen davon muss man erst einmal auf die Autobahn raufkommen. Das sind nur Beispiele und daher sollen kritische Situationen an dieser Stelle etwas genauer unter die Lupe genommen werden.

Schwierige Situationen im Straßenverkehr

An dieser Stelle sollen nach der auf S. 23 erläuterten allgemeinen Einteilung der Ängste nun noch mal beschrieben werden, welche konkreten Fahrmomente von vielen Autofahrern als schwierig empfunden werden. Zur besseren Übersicht wurden sie auf die drei großen Situationen in der Stadt/Ortschaft, auf der Landstraße und auf der Autobahn aufgeteilt.

1. In der Stadt/Ortschaft:

Abb. 1: Straßenverkehr im Berliner Prenzlauer Berg

Berufsverkehr

mehrspurige Straßen

Fahrstreifenwechsel

kreuzende Radwege

Die meisten Ängste sind in einem Ort vor allem mit einem starken Verkehr verbunden. Das ist nicht nur im dichten Berufsverkehr und auf mehrspurigen Straßen der Fall, wo der Fahrstreifenwechsel zum Problem werden kann. Denn mit viel Gegenverkehr wird das **Linksabbiegen auf großen Kreuzungen** schnell unübersichtlich, da dann auch noch die kreuzenden Radwege und die Fußgänger beachtet werden müssen. Also viele Dinge auf einmal. Währenddessen bildet sich hinter uns vielleicht schon eine Schlange wartender Fahrzeuge mit demselben Wunsch. Das macht dann zusätzlichen Druck. Das kann auch beim **Einparken, insbesondere auf einer vielbefahrenen Straße** passieren und genervte Autofahrer kommentieren das gern mit Hupen. Insgesamt hat gerade der Fahranfänger den verständlichen Anspruch, **im schnellen Verkehr** mithalten zu wollen und gerade nicht die übrigen Verkehrsteilnehmer zu behindern. Eine besondere Aufgabe stellt der richtige Umgang mit dem Kreisverkehr dar. Es sind aber nicht die inzwischen häufig vorkommenden Ampel ersetzenden, kleineren (einspurigen) Kreisverkehre gemeint, sondern die deutlich selteneren, großen Kreisel. Sie kennt man meistens nur von Bildern aus Berlin (Großer Stern/Siegessäule), Paris (Arc d' Triomphe) oder Swindon (Südengland) mit seinem „Magischen Kreisverkehr" (bestehend aus einem großen und fünf kleineren Kreisverkehren!). Wer hier nicht täglich entlangfahren muss, dem fehlt natürlich ein gewohnter Umgang mit den Fahrspuren und das selbstverständliche Einordnen in die richtige Spur, um den Kreisverkehr an der notwendigen Stelle zu verlassen. Aber auch eher technische Herausforderungen können als schwierig empfunden werden. Hierzu gehören das richtige Verhalten **an der Tankstelle** oder das Benutzen der Waschstraße.

Kreisverkehr

Waschstraße

2. Auf der Landstraße

Abb. 2: langsam fahrende Traktoren auf Landstraße

Auf der Landstraße ergeben sich völlig andere Situationen als in der Ortschaft. Das hängt vor allem mit der Möglichkeit zusammen, eine höhere Geschwindigkeit fahren zu dürfen. Und mit den Momenten, wenn das gerade nicht möglich ist. Wird es notwendig, ein **langsames Fahrzeug zu überholen**, wie beispielsweise einen Traktor oder ein Fahrrad, dann sind eine gute Sicht in Bezug auf den Gegenverkehr und die richtige Einschätzung des Überholvorgangs notwendig. Daher zögern ängstliche Fahrer. Und hat sich bereits eine Warteschlange gebildet, dann erhöht sich auch hier der Druck durch die hinter uns Wartenden. Eine gute Sicht und die richtige Einschätzung der Verkehrslage ist auch bei **Straßenschäden**, etwa durch Schlaglöcher, notwendig und eine Angst entsprechend groß, wenn diese Situation nicht bereits durch eine Einschränkung der erlaubten Höchstgeschwindigkeit geregelt wurde. Eine ähnliche Situation erzeugt ein angekündigter **Wildwechsel**. Als Letztes ist noch das **Fahren bei Dunkelheit** zu nennen.

Straßenschäden

Wildwechsel

3. Auf der Autobahn

Abb. 3: Lastwagen auf der Autobahn

Den Besonderheiten beim Fahren auf der Autobahn wird in der Ausbildung bereits durch eine Sonderfahrt Rechnung getragen. Die darin angesprochen Einzelaufgaben sind es auch, die den Fahrängstlichen später veranlassen, die Autobahn zu meiden. Häufig betroffen sind die Einzelaufgaben **Auffahren und Einfädeln** und das Überholen langsamer Fahrzeuge mit dem dafür notwendigen Spurwechsel. Beim Überholen sind es die Drängler, die sich mit Blinker und Lichthupe Platz

Überholen

Drängler

verschaffen wollen und schnell zu Verunsicherungen führen können. Dies kann mit der ohnehin schon höheren Geschwindigkeit zusammenhängen, die der Überholvorgang nötig macht. Doch kann auch schon allein die Geschwindigkeit trotz leerer Autobahn beängstigend wirken. Beim Fahren durch Baustellen oder anderen Engstellen mit weniger oder schmaleren Fahrspuren kann die notwendige Aufmerksamkeit zu einer stärkeren Anspannung führen. Ähnliches lässt sich bei **zähfließendem Verkehr oder Stau** und auch beim Fahren in der Nacht oder bei starkem Regen mit schlechter Sicht beobachten. Bei allen diesen Einzelängsten kann auch eine grundlegendere Angst die Ursache sein: die Angst, in einen schweren Unfall verwickelt zu werden, oder – noch viel schlimmer – selbst Schuld an einem Unfall zu sein. Man hofft daher, durch extrem vorsichtiges Fahren das zu vermeiden. Da man sich dann aber nicht dem allgemeinen Verkehrsfluss und eben auch dem Tempo nicht anpasst, wird man eher zum unberechenbaren Hindernis, welches die anderen Autofahrer irritiert.

höhere Geschwindigkeit

Baustellen

Nacht

Regen

Teil II:
Woher die Angst kommt und was man dagegen tun kann

René Essbach, 46,
selbstständiger Fahrlehrer,
Höri in der Schweiz

„Ich bin immer neben dir. Und egal was passiert, ich rette die Situation!“

Aus welcher Motivation heraus machen Menschen einen Führerschein?

Herr Essbach: Mit 18 Jahren möchten sich junge Menschen unabhängiger bewegen, das ist ein großer Schritt in die Selbstständigkeit. Ich denke, dass gerade dieser Wunsch nach Mobilität die Hauptantriebskraft ist.

Teilweise ist der Führerschein aber auch ein Muss für den Job oder die Ausbildung, etwa bei Automechanikern, Kurierfahrern oder mobilen Pflegedienstleister. Es kommt natürlich auch vor, dass sich junge Menschen für ein Studium oder eine Ausbildung außerhalb der Heimatstadt entscheiden und den Führerschein zum Pendeln benötigen.

In der Schweiz legen übrigens viele Eltern für ihre Schützlinge Konten an, die zum 18. Geburtstag ausgezahlt werden. Einige richten sich davon die erste Wohnung ein, andere machen den Führerschein und kaufen sich ein Auto.

Welche Unterschiede gibt es zwischen Jung und Alt?

Herr Essbach: Die jüngeren fahren unbeschwerter als die älteren Fahranfänger. Die Älteren können hingegen auf einen großen Erfahrungsschatz als Beifahrer zurückgreifen, das Bewusstsein für Gefahren ist bei ihnen viel ausgeprägter. Das hat Vor- und Nachteile, denn da kommen besonders bei Älteren im Fahrschulauto schneller Ängste hoch oder sie fühlen sich überfordert.

Ist Angst bei Fahrschülern ein häufig anzutreffendes Phänomen?

Herr Essbach: Bei Fahranfängern ist Angst eigentlich allgegenwärtig. Das tritt besonders in der ersten praktischen Fahrstunde zutage. Sitzen die Fahrschüler erst einmal selbst hinter dem Steuer, sind sie ängstlich und nervös. Natürlich tritt das bei dem einen stärker und dem anderen weniger stark in Erscheinung. Mich wundert das nicht, das Auto und der Fahrlehrer sind schließlich noch unbekannt.

Deswegen empfiehlt sich ein erster Kontakt mit dem Fahrlehrer vor der ersten Fahrstunde. Das geht bei uns zum Beispiel über WhatsApp, E-Mail oder Telefon. Ich rate zur Kontaktaufnahme per Telefon, diesen Weg wählen weibliche Fahrschülerinnen übrigens häufiger als männliche. Man hört die Stimme des Fahrlehrers und kennt seine Stimmfarbe. Letztere hat meiner Erfahrung nach Auswirkung auf die Nervosität der Fahrschüler. Ist die Stimme des Fahrlehrers angenehm, ruhig und gelassen, dann überträgt sich das auch auf den Fahrschüler.

Wann wird Angst für Fahrschüler eigentlich ein echtes Problem?

Herr Essbach: Wenn andere Fahrzeuge hupen oder sich vom Fahrschüler genervt fühlen. Oder, was noch viel schlimmer ist, wenn die Fahrschüler Blickkontakt mit anderen Autofahrern haben – zum Beispiel über den Rückspiegel – und diese genervt oder sogar böse schauen. Der Fahrschüler denkt dann: „Ich bin Schuld daran!" In diesen Situationen machen sie dann häufig aus Unsicherheit Fehler.

Ängste entstehen regelmäßig auch aus Vergangenem und Vorurteilen zum Autofahren, die sich in der Kindheit und Jugend als Mitfahrer, zum Beispiel im Auto des Vaters, entwickelt haben.

Wie gehen Sie mit diesen ängstlichen Fahrschülern um?

Herr Essbach: Wenn ich merke, der Fahrschüler wird unsicher oder ist mit einer Verkehrssituation überfordert, dann übernehme ich die Pedale und falls nötig sogar das Lenkrad.

Im Anschluss daran reden wir über diese Situation und schauen uns die Ursachen für die Angst genau an. Vieles liegt in traumatischen Erlebnissen aus der Vergangenheit begründet. Gerade diese Erlebnisse brennen sich in das Unterbewusstsein ein und treten in Fahrstunden oft zutage.

Angst tritt übrigens häufig auf kurvigen Landstraßen auf. Kommt dem Fahrschüler dort ein Lastwagen entgegen, scheren viele nach rechts aus. Über solche Fahrfehler muss man reden und dem Fahrschüler versichern, dass der Lastwagenfahrer auf seiner Spur bleiben wird und im Straßenverkehr ein Vertrauensgrundsatz gilt, denn die Verkehrsteilnehmer haben hier ja keine böse Absicht.

Wenn die Angst zu groß wird, halten wir an und ich sage: „Schau, ich bin deine Lebensversicherung! Ich bin immer neben dir. Und egal was passiert, ich rette die Situation."

Dann geht der Puls in der Folge immer runter.

Gibt es eigentlich etwas, das beim Autofahren lernen wirklich schwierig ist, wo fast alle sich schwer tun und mehr geübt werden muss?

Herr Essbach: Seitwärts einparken! Allein wenn ich das Thema nur anspreche, geht der Puls bei allen hoch und die Augen weiten sich. Hier höre ich oft: „Auweia, muss das denn sein?", „Es ist doch schon spät, schaffen wir das heute überhaupt noch?" oder „Es wird doch schon dunkel, sehen wir da überhaupt noch die Linien auf dem Boden?"

Beim ersten Mal lasse ich die Schüler beim seitwärts einparken nur das Lenkrad bewegen. Das Gaspedal übernehme ich. Da ich vorher die wichtigen Betrachtungspunkte verrate und Tipps beim Einschlagen gebe, klappt das Einparken oft auf Anhieb. Und siehe da, die Mundwinkel des Fahrschülers gehen dann sofort hoch. Dieses Erfolgserlebnis beim ersten Mal ist extrem wichtig! Erst im zweiten Versuch lasse ich sie dann alles alleine machen.

Neben dem Einparken ist auch das Einfädeln auf die Autobahn für viele ein Angstthema. Dabei ist das in der Schweiz wegen der strengen Geschwindigkeitsbeschränkung gar nicht so spektakulär.

Ein Thema ist noch wichtig: Überholmanöver auf der Landstraße, zum Beispiel eines langsam fahrenden Traktors. Wenn das ansteht, geht eigentlich allen Fahrschülern wirklich die Pumpe. Hier mache ich meinen Fahrschülern allerdings auch nichts vor. Das Überholen auf Landstraßen ist gefährlich. Hier gibt es natürlich die Regel: „Ich kann, aber ich muss nicht und im Zweifel lasse ich es besser sein!“ Aber natürlich ermutige ich dazu, wenn es die Situation es erlaubt.

Hatten Sie eigentlich selbst Angst vor Ihrer ersten Fahrstunde oder in der Ausbildung zum Fahrlehrer?

Herr Essbach: Ich komme ursprünglich aus der DDR. In der Jugendorganisation „Gesellschaft für Sport und Technik“ hatte ich bereits früh Kontakt mit Kraftwagen. Mit 18 konnte ich bereits die Führerscheinkategorie C, also für LKW, machen. Das hatte damals den großen Vorteil, dass man den Führerschein für das Auto, also die Kategorie B, gleich mitbekam. Das war natürlich eine tolle Sache, über die ich mich damals sehr gefreut habe.

Der LKW, auf dem ich das Fahren gelernt habe, war ein riesiger, alter Klotz. Den zu fahren, war anfangs nicht einfach. Bei der ersten Fahrt ging auch mein Puls in die Höhe. Richtig Angst hatte ich aber nie, denn mein Fahrlehrer hatte auf dem Beifahrersitz nicht nur Pedale, sondern sogar ein Lenkrad. Mir war klar, dass der Fahrlehrer große Fehler ausbügelt. Das hat mich von Anfang an beruhigt.

Zudem hat mich auch mein Vater auf den Führerschein vorbereitet und ich kannte mich vor der ersten Fahrstunde bereits mit der Kupplung und Schaltung aus. Hinzu kommt, dass ich schon mit 14 Jahren Moped gefahren bin und dadurch keine Angst vor Geschwindigkeit hatte.

Was war Ihr schönstes Erlebnis als Fahrlehrer?

Herr Essbach: Das schönste Erlebnis hatte ich mit einer 39-jährigen Fahrschülerin. Sie war damals frisch geschieden und hatte ein Kind. Da sie ungünstig wohnte und einen neuen Freund hatte, wurde ihr Mobilität sehr wichtig.

Sie war extrem motiviert. Trotzdem fiel ihr das Autofahren anfangs sehr schwer. Die Anzahl der absolvierten Fahrstunden war folglich sehr hoch. In der Prüfungssituation selbst war sie dann auch extrem nervös. Der Experte (Anm. der Red.: der Prüfer) war damals der Chef des Straßenverkehrsamts höchstpersönlich. Das habe ich ihr damals nicht gleich verraten, denn das hätte sie nur noch nervöser gemacht. Beim ersten Mal, die Prüfung dauerte nur 35 Minuten, ist sie dann auch durchgefallen. Über die Fehler haben wir gleich geredet. Und das Schöne war: Der Experte bot ihr an, auch beim zweiten Versuch mit von der Partie zu sein, da er trotz der misslungenen Prüfung Potenzial in ihr sah. Sie hat sich dann nochmals richtig reingekniet und war hochmotiviert. Als dann die zweite Prüfung anstand, war sie wirklich cool und hat diese mit Bravur gemeistert und das, obwohl sie eine komplett andere Strecke fahren musste. Die Atmosphäre in der Prüfung war für alle sehr angenehm.

Hätten Sie abschließend einen persönlichen Tipp für jemanden, der eher ängstlich Auto fährt?

Herr Essbach: Sorgfältig im Internet nach einer Fahrschule recherchieren und auf Empfehlungen aus dem Internet und natürlich auch aus dem eigenen Freundeskreis achten. Kommt eine konkrete Fahrschule dann in Betracht, unbedingt anrufen und den persönlichen Kontakt zum Fahrlehrer suchen! Nur so weiß man früh, wie der Fahrlehrer tickt und ob er angenehm rüberkommt.

In der Schweiz ist es auch möglich, sich beim Straßenverkehrsamt zu erkundigen und nach der Durchfallquote der jeweiligen Fahrschule zu fragen. Das schadet sicher nicht.

Ein Blick auf das Fahrschulauto ist auch sinnvoll. Obwohl hier gilt: Es muss nicht die schnellste Kiste sein. Das Auto sollte nie das Hauptkriterium sein.

Wichtig ist auf jeden Fall: Keine Panik und nicht verrückt machen, sondern einfach zur ausgewählten Fahrschule hingehen. Negative Vorurteile über das Autofahren, die ja oft aus der Vergangenheit kommen, und Ängste sind meistens bei Fahrschülern zu Beginn vorhanden. Ist der Fahrlehrer gut, wird der diese aber nicht verstärken, sondern Vorurteile und Ängste schnell abbauen.

Warum haben manche Menschen im Zusammenhang mit Autos und dem Verkehr vor etwas Angst, während andere ganz entspannt sind?

Das Gefühl „Angst“ kennen Sie möglicherweise selbst in unterschiedlicher Stärke und Ausprägung. Oder Sie haben ein ängstliches Verhalten bei anderen beobachten können. Ob selbst erlebt oder nur beobachtet: Es gibt bestimmte gedankliche und körperliche Reaktionen der Angst, die ich in diesem Kapitel beschreiben werde. Das Wissen dazu ist notwendig, damit Sie später verstehen, womit Sie Ihre eigene Angst verändern können. Sie werden auch besser nachvollziehen können, welche Hilfsmittel ich Ihnen anbiete und warum diese tatsächlich funktionieren.

Um zunächst aber besser zu verstehen, was mit einem eigentlich passiert, wenn das Autofahren vor lauter unangenehmen Gefühlen anstrengend oder sogar unmöglich wird, muss durchaus weiter ausgeholt und die Unterschiede zwischen Aufregung, Lampenfieber und Angst müssen erläutert werden. Denn es ist interessant, dass Körper und Psyche bei der Angst vor dem Autofahren nichts wirklich Neues tun, sondern stattdessen sogar auf einen uralten, tief in uns sitzenden Mechanismus zurückgreifen, der sich in allen Angstsituationen auf dieselbe Art und Weise gestaltet – nur eben manchmal schwächer oder stärker.

Lampenfieber

Die Angst vor dem Autofahren und vor der Fahrprüfung kann auf unterschiedlichste Weise entstanden sein. Bezugspersonen sind ganz entscheidend, denn der häufige Kontakt mit ängstlichen Menschen als Kind und Jugendlicher färbt in der Regel ab und lässt uns ängstlich werden. Man lernt die Angst genauso automatisch wie das Sprechen der Muttersprache. Hier fehlt ein sicher aufgebautes Grundvertrauen und Autofahren ist dann nur ein Beispiel, wo Angst auftaucht. Angst kann aber auch später entstehen, weil es gefährliche Situationen gab und man dadurch immer vorsichtiger, eben auch ängstlicher wird. Einerseits kann dies als einmaliges, starkes Ereignis ein Autounfall sein. Dabei ist es egal, ob man beteiligt war oder diesen nur beobachtet hat. Es kann andererseits auch die Ansammlung mehrerer kleiner Momente sein, die als gefährlich bewertet wurden. Wir nennen das beispielsweise „schlechte Erfahrungen“. So könnte jemand etwa nach mehreren Autobahnfahrten zu folgendem Schluss kommen: „Auf die Autobahn kriegen mich keine zehn Pferde mehr – jedes Mal, wenn ich auffahren wollte, war das so knapp, weil keiner Platz machte. Und wenn ich dann auf der rechten Spur blieb, kamen immer wieder Ra-

schlechte Erfahrungen

ser mit einer Höllengeschwindigkeit auf mich zu. Das ist mir alles zu schnell und gefährlich.“ Empfindet jemand Angst vor der Fahrprüfung, dann liegt eine sogenannte Leistungsangst vor. Sie tritt auf, wenn jemand ein eher geringes Selbstvertrauen hat und daher durch das Beobachtetwerden stark verunsichert wird. Das führt dazu, dass vorhandene Leistungen und Fähigkeiten im Ernstfall nicht gezeigt werden können.

Leistungsangst

In Kapitel 2 wird der psychologische Mechanismus detailliert erläutert und die Möglichkeiten der Veränderung daraus abgeleitet.

1 Was ist Angst?

Zunächst will ich Ihnen in diesem Kapitel erläutern, wie dieser uralte Mechanismus funktioniert, und daraus dann ableiten, was man dagegen tun kann. Zu einem Großteil wird dieses Kapitel sicher auch dazu beitragen, dass Sie sich in der einen oder anderen Beschreibung wiedererkennen und sich damit besser verstehen lernen.

Aufregung

Fangen wir mit der geringsten Stufe an, der diffusen Aufregung. Jeder kennt es, in besonderen Situationen eine gewisse Unruhe zu haben. Dabei ist es egal, ob etwas Schönes und Positives oder vielleicht etwas Unangenehmes oder Unbekanntes vor uns liegt. Die Tatsache, dass da etwas auf uns zukommt und wir darauf reagieren sollen, wird meistens eine Aufregung erzeugen. Wir sind dann irgendwie unruhig, können es – bei positiven Dingen – kaum abwarten. Oder wir halten Ausschau danach, ob etwas in Kürze geschehen wird – dies eher bei den negativen Dingen. Unser Körper bereitet sich im Prinzip auf das, was da kommt, schon mal vor. Wir wissen es ja vielleicht auch nicht ganz genau, was es wohl sein wird. Um daher auf alle Fälle vorbereitet zu sein, wird unser Körper aktiviert. Das betrifft vor allem unsere Muskeln, denn die müssen unter Umständen etwas leisten. Und ebenso betrifft es unsere Sinne, damit uns nichts entgeht und wir wichtige

Sachen auf jeden Fall mitbekommen. So könnte man sagen, dass wir durch eine Aufregung vor allem aufmerksamer und unruhiger werden. Und bereit, zu allem was kommt.

Lampenfieber

Eine Steigerung dieser Form von Aufregung ist das Lampenfieber. Der Begriff wird häufig im Zusammenhang mit Auftritten von Künstlern benutzt. So haben alle verschiedenen Künstler (Schauspieler, Musiker, Comedians), die hinter dem Vorhang wartend gleich auf die Bühne sollen, meistens etwas mehr als nur eine Aufregung. Während die Aufregung eher irgendetwas erwartet, ist das Lampenfieber sehr konkret ausgerichtet, da es ein genaues Wissen von dem gibt, was gleich passieren soll. Es ist mit der Anspannung des Sportlers vergleichbar, der als Läufer schon im Startblock steht, sich erhebt und auf den Startschuss wartet. Die gesteigerte Aufregung hängt mit der besonderen Situation zusammen, da es jetzt gleich Ernst wird und alle Kräfte gefordert sind. Der Künstler weiß: Gleich geht der Vorhang auf, es sitzt vor mir ein Publikum, das nur darauf wartet, dass ich beginne. Und im Stadion sind es die Zuschauer, die genauso aufmerksam darauf warten, dass der Sportler losrennt und hoffentlich gewinnt. „Jetzt oder nie“ könnte das Motto dieses Moments lauten.

Was geschieht nun aber, wenn es gefährlich wird? Was, wenn wir in eine Lage geraten sind, aus der wir uns vielleicht nicht befreien können und die vielleicht sogar Schmerzen bereitet? So etwas ist der Fall, wenn beispielsweise eine Gruppe aggressiver Menschen uns auf offener Straße bedrängt und außer uns selbst niemand in der Nähe ist.

Angst

Jetzt ist der Zeitpunkt für die Angst gekommen, die alle Menschen empfinden würden, weil die Unversehrtheit des eigenen Körpers und unsere Gesundheit in Gefahr sind. Das Gefühl der Angst, das uns vorsichtig und zugleich absolut aufmerksam werden lässt, versetzt uns in einen überaktiven Zustand, der hilfreich ist, sich zu schützen, zu kämpfen oder sich zu retten. Also in jedem Fall, um seine eigene Haut zu retten. Schließlich wollen wir überleben und nicht wehrlos zum Opfer werden. Sie merken vielleicht beim Lesen dieser Zeilen, dass im Zusammenhang mit Angst ein kräftigeres Vokabular nötig ist, um die Brisanz zu verdeutlichen: retten, überleben, sich wehren, Opfer.

Nun wird deutlich, dass die gesteigerte Angst vor dem Autofahren oder vor der Fahrprüfung nicht mehr auf dem Niveau der Aufregung oder des Lampenfiebers ist. Das wäre nämlich noch auszuhalten und könnte günstig sein, um die anstehende Leistung zu bewältigen: Für eventuell schwierige Situationen wären die Sinne perfekt geschärft.

Stattdessen hat die Intensität der Ängste längst ein Ausmaß angenommen, als bewegten wir uns auf eine lebensgefährliche Situation zu. Oder, als wären wir schon mittendrin. Damit ist das Gefühl nicht mehr angemessen zu der Situation, in der wir uns befinden. Das Problem besteht also darin, dass eine im Prinzip alltägliche und weitestgehend ungefährliche Sache wie das Autofahren oder eine Fahrprüfung auf einmal als bedrohlich und lebensgefährlich behandelt wird. Die gesteigerte Aufregung schlägt in Angst um und schränkt massiv ein. Und aufgrund von Angst passieren im Körper und im Kopf einige Dinge automatisch:

Unsichtbar: Die Hormone

Sobald das Gehirn entschieden hat, dass eine Situation gefährlich ist, sorgt es für die Ausschüttung der Hormone Adrenalin und Kortisol. Sie bewirken an einzelnen Organen und sonst im Körper insgesamt die im Folgenden beschriebenen Reaktionen.

Startbereit: Die Muskeln

Stellen Sie sich vor, man müsste wirklich kämpfen oder fliehen. Dann sind es die Muskeln, die die Hauptarbeit zu tun haben. Dafür werden sie nun besser durchblutet, damit mehr Sauerstoff zur Verfügung steht. Und sie warten nur darauf, endlich loslegen zu können. Stillsitzen geht jetzt schon mal gar nicht.

Auf Hochtouren: Atmung, Herz und Kreislauf

Damit für die Durchblutung der Muskeln überhaupt Sauerstoff zur Verfügung steht und dieser auch schnellstens dorthin transportiert wird. Deshalb wird die Atmung schneller und flacher, der Blutdruck steigt und das Herz schlägt schneller, um das mit dem Sauerstoff angereicherte Blut zu den Muskeln zu bringen.

Ganz entscheidend: Die gesteigerte Aufmerksamkeit

In einer Gefahrensituation können Leben oder Tod davon abhängen, ob wir etwas Wichtiges mitbekommen haben. Alle Sinne sind geschärft, damit wir beispielsweise eine Waffe als solche erkennen oder die seltsamen Geräusche einem schleichenden Tier oder Einbrecher zuordnen können. Außerdem hilft uns die gesteigerte Aufmerksamkeit dabei, mögliche Auswege, einen Fluchtweg oder eine andere Hilfe zu finden. Unseren Augen und Ohren darf schließlich nichts entgehen.

Bitte kühlen: Der Schweiß

Bereits vorbeugend wird mehr Schweiß produziert, da dieser den Körper kühlt. Da eine Gefahrensituation mit sehr viel Anstrengung abläuft, stellt sich der Körper so schon mal auf die zu erwartende Leistung ein. An verschiedenen Stellen unseres Körpers gibt es eine deutlich höhere Ansammlung an Schweißdrüsen: natürlich in den Achseln unter den Armen, aber auch an der Stirn und den Handinnenflächen.

Runtergefahren: Hunger, Durst und Verdauung

Wenn wirklich Gefahr droht, dann muss der Körper mit den Energiereserven, die er hat, auskommen. Schließlich ist keine Zeit, erst etwas zu essen, zu verdauen und dann endlich die Energie zur Verfügung zu haben. Hunger und Durst halten also nur auf und stören. Deshalb werden sie zurückgefahren und die Verdauung gestoppt. Überflüssiger Ballast stört auch. Das kann eine gefüllte Blase sein. Es entsteht das Gefühl, ständig auf die Toilette zu müssen. Und bei gesteigerter Angst ist es bei Menschen und Tieren gleichermaßen möglich, dass sie unkontrolliert Wasser lassen.

Im Moment unwichtig: Der Schmerz

In Filmen wird häufig gezeigt, wie jemand trotz einer Verletzung weiterkämpft oder es letztendlich dennoch schafft, zu fliehen und sich in Schutz zu bringen. Dabei müsste die Verletzung doch extrem wehtun. Wenn es aber gerade eine Gefahr gibt, senkt der Körper seine Schmerzempfindlichkeit und man hat eine Chance, sich trotz Verletzung in Sicherheit zu bringen. Gleichzeitig verstärkt der Körper die Blutgerinnung, weshalb Wunden nicht so stark bluten wie im Normalfall.

Wie wirkt sich Angst auf das Autofahren aus? Sie kennen die beschriebenen Folgen vielleicht aus eigener Erfahrung. Oder ahnen schon, welche Konsequenzen diese körperlichen Phänomene für das eigene Verhalten haben. Ich möchte Ihnen noch mal im Überblick die typischen Folgen im Zusammenhang mit dem Autofahren schildern, damit Sie sich besser verstehen und einschätzen können. Ohne in einer wirklich gefährlichen Situation zu sein, kann sich eine Angst beim Autofahren folgendermaßen auswirken:

Startbereit auf dem Fahrersitz: Die Muskeln

Wenn der Körper vollkommen auf Aktivität eingestellt ist und alles andere möchte, als stillzusitzen, dann ist das genau das Gegenteil von dem, was wir in einer Fahrstunde, bei der Prüfung oder überhaupt beim Autofahren brauchen. Ganz im Gegenteil: Es ist gut, wenn man ruhig und entspannt im Fahrersitz sitzt und genauso ruhig das Lenkrad und die Bremsen bedient. Die Angst macht uns also insgesamt viel aktiver, als wir es für das Autofahren benötigen. Der Körper ist auf Kampf oder Flucht eingestellt und fühlt sich im Auto eher eingesperrt. Daher kommt dann auch der Impuls, aussteigen zu wollen – das Auto wäre für wirkliche Aktionen ja auch zu eng. Doch eigentlich können und wollen wir das nicht. Bei einer Fahrstunde können wir nicht einfach aussteigen. Bei der Prüfung schon gar nicht.

Auf Hochtouren am Lenkrad: Atmung, Herz und Kreislauf

Wenn wir eine schnellere Atmung und ein deutliches Herzklopfen spüren, dann deuten wir normalerweise diese Symptome richtig. Sie bedeuten Anstrengung, Aufgeregtheit oder Angst. Merken wir das beim Autofahren, dann muss uns diese Beobachtung beunruhigen. Es könnte ja auch schlimmer werden. Doch allein die Tatsache, dass wir unsere Aufregung und Anspannung merken, lenkt uns von den eigentlichen Aufgaben ab. Wir sind dann mehr mit uns und unserem Körper beschäftigt als mit dem Autofahren und dem Verkehr um uns herum. Gibt es hinter uns auch noch den Prüfer, dann sind wir gedanklich damit beschäftigt, ob er das wohl merkt. Und wir bemühen uns, es zu verbergen. Das kostet aber zusätzliche Aufmerksamkeit und bedeutet noch mehr Ablenkung, die beim Autofahren grundsätzlich schadet.

Ständig in Habachtstellung: Die gesteigerte Aufmerksamkeit

Angst engt den Blick ein: Je ängstlicher man ist, umso stärker richtet man den Blick unmittelbar vor sich auf die Straße und den Vordermann. Manchmal erkennt man das auch daran, dass jemand sich nach vorne beugt, sich quasi gegen das Lenkrad drückt und mit dem Gesicht schon fast an der Windschutzscheibe klebt.

Unsere Sinne scannen also das Umfeld nach Warnhinweisen ab, die auf eine Gefahr hindeuten könnten. Schließlich dürfen wir jetzt nichts übersehen. Man könnte denken, dass diese gesteigerte Aufmerksamkeit für den Straßenverkehr nützlich ist. Man will doch auch im Normalfall nichts übersehen und natürlich angemessen darauf reagieren. Doch bei Angst liegt eben nicht der Normalfall vor. Und deshalb besteht die Gefahr, selbstverständliche Dinge zu übersehen, weil man nach den gefährlichen Dingen geradezu sucht. Statt in der Fahrprüfung auf eine gestellte Aufgabe und den Verkehr zu achten, ist die Aufmerksamkeit beispielsweise hauptsächlich beim hinter uns sitzenden Prüfer: Was notiert er sich gerade, was bedeutet sein Blick, warum soll ich denn jetzt dieses oder jenes tun? Also auch hier wird versucht, wie es in einer gefährlichen Situation angemessen wäre, das Verhalten der anderen genau wahrzunehmen und einzuschätzen. Das lenkt aber von der eigentlichen Aufgabe ab und dadurch ist man nicht wirklich bei der Sache.

Während der Fahrt bitte kühlen: Der Schweiß

Wer selbst schon mal schweißnasse Hände hatte, kennt die möglichen Folgen. Den Fahrlehrer oder den Prüfer mit Handschlag zu begrüßen wird unangenehm. Man will ja auch nicht, dass die etwas von der Angst mitbekommen. Leider ist das im Prinzip nicht zu verhindern, weil jeder den Schweiß etwa auf der Stirn und unter den Armen ja sehen kann. Trotzdem versucht man es vielleicht zu vertuschen. Das kostet Aufmerksamkeit und lenkt wieder vom eigentlichen Fahren ab. Und das Lenkrad und die Schaltung fühlen sich mit nassen Händen rutschig an. Das verunsichert dann zusätzlich.

Runtergefahren: Hunger, Durst und Verdauung

Spontan könnte man meinen, dass es ja nicht schlimm ist, wenn Hunger, Durst und Verdauung wegfallen. Beim Autofahren ist dafür eh nicht der richtige Zeitpunkt. Doch durch eine Angst haben Sie auch schon vorher keinen Appetit, vielleicht ist Ihnen sogar übel. Dann haben Sie aber vielleicht nicht genug zu sich genommen und damit auch nicht genug Energie für die bevorstehende Leistung. Und mit der Angst hängt auch das Gefühl des Harndrangs zusammen. Man meint, auf Toilette zu müssen, beispielsweise in den letzten Minuten vor der Prüfung. Geht man dem nach, stellt man häufig fest, dass es eigentlich gar nicht nötig war. Aber schon nach wenigen Minuten entsteht dasselbe Gefühl. Durch dieses „Nur noch mal schnell zur Toilette“ verbreiten Sie auch für sich selbst ein Gefühl der Hektik. Das entspricht der innerlichen Unruhe, schürt sie aber auch noch mehr. Insgesamt sollte stattdessen mehr Ruhe einkehren.

Im Moment unwichtig: Der Schmerz

Dies ist der einzige Punkt, der sich nicht wirklich auf das Autofahren auswirkt. Wir müssen nicht vor schmerzhaften Dingen geschützt werden. Also wäre es doch besser, überhaupt keine Angst zu haben, auch wenn man dadurch eigentlich wieder schmerzempfindlicher wird.

All das soll nun möglichst gar nicht passieren. Das geht nur, wenn die Angst reduziert wird oder ganz verschwindet. Deshalb wird nun in den weiteren Kapiteln erklärt, wie Sie Ihre Angst Stück für Stück reduzieren können.

2 Was hilft gegen die Angst?

Sich der Angst zu unterwerfen und deshalb Autofahren ganz zu umgehen oder es als etwas Anstrengendes jedes Mal möglichst schnell hinter sich zu bringen, macht keinen Sinn, wenn man eigentlich ein Auto benutzen möchte. Dann also den sprichwörtlichen „Sprung ins kalte Wasser“ aushalten und darauf hoffen, dass die Angst irgendwann nachlässt? Leider funktioniert das so ganz und gar nicht – das Gegenteil ist der Fall! Jedes Mal, wenn Sie sich mit einem Angstgefühl ans Steuer setzen, kann sich die Kombination Auto = Angst verfestigen. Und mögliche positive Momente werden ausgeblendet. Aber heißt es nicht auch „Übung macht den Meister“? Muss man etwas nicht einfach immer und immer wieder tun und wird sich eines Tages daran gewöhnen? Das gilt tatsächlich für das Lernen grundsätzlich, denn etwas Neues wird uns natürlich vertrauter, wenn wir uns der Sache immer wieder widmen. Aber nur, wenn dies mit einer interessierten, positiven Haltung geschieht. Es darf aber keine Angst von Anfang an dabei sein.

Richtig ist es schon, sich den angstbesetzten Situationen zu nähern. Doch das sollte immer schrittweise, so wie bei einem sinnvollen Training beim Sport geschehen. Denn unbedingt hinzukommen muss eine Vorbereitung, um mit einer hilfreichen Verfassung und Einstellung an die Sache zu gehen. Wie kann diese Vorbereitung aussehen?

In diesem Kapitel möchte ich Ihnen drei sehr unterschiedliche Elemente vorstellen, die gerade im Zusammenspiel, also in der gemeinsamen Anwendung, sehr erfolgreich Ängste abbauen können. Wenn Sie diese drei Elemente verstanden haben und anwenden können, dann werden Sie diese im darauf folgenden Kapitel gezielt benutzen. Zunächst aber ist es hilfreich zu verstehen, woraus die drei Elemente bestehen und warum sie funktionieren. Die Elemente sind unsere positive, mentale Einstellung (Element 1), die richtige Art zu lernen und zu üben (Element 2) und ein körperlich entspannter Zustand (Element 3).

2.1 Mentale Einstellung: positive Gedanken

Das erste Element „Mentale Einstellung" ist der psychologische Teil und es geht grundsätzlich darum, ungünstige Gedanken, Einstellungen, Haltungen und Erwartungen zu verändern. Denn sie sind es, die zu einem Großteil die Ursache für die Entstehung von ängstlichen Gefühlen sind. Dies gilt nicht nur für die Entstehung von Ängsten. Wir reden innerlich quasi unentwegt mit uns selbst. Das geschieht nicht nur in kurzen Sätzen, sondern auch wie eine Unterhaltung oder Erzählung. Wenn wir allein sind und laut vor uns hin reden, wird dieser Vorgang besonders deutlich. Diese Gedanken sind nun also verantwortlich für die dadurch entstehenden Gefühle. Bezogen auf das Autofahren nehmen wir negative Gedanken aus der ängstlichen Autofahr-Unterhaltung heraus. Diese sollen dann nach bestimmten Regeln, die Sie noch kennenlernen, verändert werden. Das Ergebnis einer Bearbeitung dieser mentalen Einstellung sind positive, unterstützende Gedanken, die dabei helfen werden, dass Sie Ihre Ziele realistisch angehen und dann auch erreichen werden.

Das folgende Beispiel soll zeigen, wie das gemeint ist. Nimmt man sich vor, dass etwas ganz Bestimmtes nicht passieren darf („Ich will den Wagen an der Ampel nicht abwürgen"), dann wird der Moment, wo das passieren könnte – nämlich an der nächsten roten Ampel – mit großer Aufmerksamkeit erwartet. Die Anspannung, unter der man dann steht, erhöht leider die Chancen, dass der befürchtete Fall wirklich eintritt. Und wenn das Abwürgen des Motors dann auch noch geschieht, ist es natürlich eine Bestätigung und die meisten kommentieren diesen Moment selbst mit „Siehste, ich hab's ja geahnt. Es ist wieder passiert..." Interessanterweise funktioniert das Ganze auch in die andere Richtung. Wird die Aufmerksamkeit nämlich auf etwas Positives gerichtet, dann steigt ebenso die Wahrscheinlichkeit, dass das Positive tatsächlich eintritt. In dem Beispiel sähe das folgendermaßen aus: Die positive Einstellung könnte lauten „Wenn ich an der Ampel wieder losfahre, benutze ich Kupplung, Gas und Schaltung so, wie ich es zum Anfahren gelernt habe." An der nächsten roten Ampel besteht jetzt eine hohe Chance, dass genau das passieren wird, denn Sie warten ja quasi darauf, etwas, was Sie sich vorgenommen haben, nun auch zu tun.

Aber wieso funktioniert das eigentlich so und soll man sich jetzt einfach immer alles ganz ideal und super positiv vorstellen? Tatsächlich funktioniert es nicht so einfach, indem Sie sich ab jetzt die tollsten Ziele stecken. So ein übertriebenes Ziel könnte lauten „Bei der Fahrprüfung mache ich einfach alles richtig – ich bin total ruhig, fahre wie ein alter Hase und mir passiert überhaupt kein Fehler. Nach 10 Minuten könnte der Prüfer eigentlich abbrechen und dann sagt er mir, dass er einen so guten Fahrer noch nie erlebt hätte." Vielleicht merken Sie es beim Lesen auch schon: Diese Vorstellung ist doch so unrealistisch, das kann ja gar nicht passieren. Sie merken, dass diese viel zu positive Einstellung nämlich völlig frei erfunden ist. Deshalb nun also mehr dazu, wie es stattdessen funktionieren kann.

2.1.1 Das ABC-Modell

Ich will Ihnen schildern, wie der New Yorker Psychotherapeut Albert Ellis schon 1955 entdeckt hat, wie man sich auf eine bestimmte Art und Weise mental in die positive Richtung beeinflussen kann. Er hat sich in seinem eigenen Institut systematisch mit der Entstehung von Ängsten und von Gefühlen überhaupt beschäftigt und daraus eine ganz eigene Theorie und Behandlungsmethode entwickelt. Mit der Rational-Emotiven Verhaltenstherapie hat er beschrieben, wo wir ansetzen müssen, um unangenehme Gefühle zu verändern. Ein Beispiel soll das kurz erläutern:

Zunächst haben wir eine ganz normale Ausgangsituation: Der Fahrlehrer bittet den Fahrschüler, den Sitz und die Spiegel einzustellen und dann langsam loszufahren. Verschiedene Menschen reagieren an dieser Stelle ganz unterschiedlich. Während die einen genau das ganz in Ruhe tun und relativ zügig losfahren, gibt es andere, die nervös am Fahrersitz herumstellen und nach dem Einlegen des ersten Ganges trotzdem nicht losfahren. Schweiß steht ihnen auf der Stirn. Und wiederum andere könnten den Anweisungen folgen, würgen aber beim Losfahren den Wagen ab und ärgern sich total. Alle hatten dieselbe Aufgabe bekommen, doch sie reagieren ganz unterschiedlich und haben völlig verschiedene Gefühle: Ruhe, Nervosität oder Ärger. Zwischen derselben Aufgabe für alle und den doch so unterschiedlichen Reaktionen muss es etwas geben, was die Ursache für die verschiedenen Gefühle und Reaktionen ist. Albert Ellis hat beobachtet, dass viele die Situationen mit den Worten beschreiben „Als ich den Fahrlehrer hörte, dachte ich nur…" oder „Ich musste daran denken, wie ich schon mal…" So konnte er feststellen, dass wir mit der Art und Weise, wie wir über die Situationen nachdenken, sehr verschiedene Gefühle entstehen lassen können. Das heißt, die Gefühle sind nicht einfach so da, sondern unsere Gedanken entscheiden darüber, welche Gefühle wir bekommen. So könnte der eine Fahrer in diesem Beispiel gedacht haben „Na klar, mach ich so wie immer am Anfang – alles einstellen und dann geht's los." Er bleibt deshalb ruhig. Ein anderer Fahrer hat vielleicht gedacht „Was heute wohl wieder alles dran ist – hoffentlich mache ich keine blöden Fehler. Wenn ich alles eingestellt habe, geht's auch noch los." Er wird nervös. Und ein dritter Fahrer hätte als Gedanken haben können „Immer dieses Anfahren. Ich hasse es, weil ich den Wagen doch immer stottern lasse oder abwürge." Ja, und dann ist Letzteres eben auch passiert und man könnte meinen, dass sich derjenige nun zu Recht ärgert. Schließlich hat er es schon geahnt. Aber eigentlich hat er es unbewusst gesteuert! In einem Schaubild sieht das allgemein so aus:

**Abb. 4:
Das ABC-Modell
nach Albert Ellis**

Diese Abfolge heißt bei Albert Ellis „ABC-Modell“, weil er dafür englische Begriffe benutzt hat. So steht das **A** für „action“ (Situation oder Aufgabe), **B** steht für „beliefs“ (Gedanke, Einstellung oder Haltung) und **C** steht für die „consequences“ (Konsequenzen bzw. Auswirkungen in Form von Gefühlen oder tatsächlichem Verhalten).

Nun wird vielleicht schon deutlich, welches die einzelnen Schritte sind, um das Gefühl der Angst zu verändern und eine Aufgabe mit mehr Ruhe zu erledigen, also ein anderes Verhalten zu zeigen:

Zunächst halten Sie die Situationen und Aufgaben fest, in denen Sie sehr aufgeregt oder ängstlich sind, und solche, die Sie wegen der Angst ganz vermeiden. Dann gehen Sie auf die Suche nach den negativen Gedanken und Einstellungen, die die Angst auslösen. Im nächsten Schritt werden diese Gedanken und Einstellungen mit der Methode von Albert Ellis bearbeitet und es werden daraus neue, positive und unterstützende Gedanken und Einstellungen. Diese müssen dann Stück für Stück vertrauter werden, so dass Sie damit die schwierigen Situationen anders meistern werden. Die positiven Gedanken und Einstellungen werden unterstützende Gefühle erzeugen. Und damit kann dann das Verhalten, wie man es sich vorgenommen hat, gelingen. Wie das alles nun genau geht, erfahren Sie in den beiden nächsten Abschnitten.

2.1.2 Negative Gedanken und Einstellungen zu verschiedenen Situationen und den dort bestehenden besonderen Bedingungen finden

Bevor Sie beginnen, angstauslösende Gedanken und Einstellungen zu finden und Sie zu notieren, benötigen Sie etwas Material: Karteikarten in Postkartengröße (DIN A6). Es ist so gedacht, dass Sie auf eine Karteikarte immer nur einen Gedanken aufschreiben. Dafür möchte ich Ihnen ein paar typische Beispiele nennen. Sie werden erkennen, dass die Gedanken und Einstellungen in wörtlicher Rede geschrieben sind. Das ist richtig so, denn tatsächlich denken wir genauso, als würden wir laut sprechen, wie ein Selbstgespräch also. Wenn wir allein sind und gerade ganz in Gedanken, kann es sogar sein, dass wir wirklich laut mit uns selbst reden, denn es hört ja keiner zu. Vielleicht kennen Sie das: Sie haben etwas verlegt und suchen es nun. Sie finden es nicht und werden langsam ärgerlich. Plötzlich kann man Ihre Gedanken

Karteikarten

laut hören, weil Sie beispielsweise vor sich hin murmeln „Oh, Mann, wo hab ich denn den Mist schon wieder liegen gelassen!"

Damit Sie etwas systematischer bei der Suche vorgehen können, möchte ich Ihnen noch acht negative Gedankenmuster erläutern, denn tatsächlich folgen unsere Gedanken und Einstellungen ganz bestimmten Prinzipien. Mit einem jeweils alltäglichen Beispiel erkennen Sie die Prinzipien vielleicht schnell wieder. Peurifoy (1993) beschreibt diese Gedankenmuster folgendermaßen:

Soll/Muss-Denken

Soll/Muss-Denken

Negativ: Es wird behauptet, dass man Dinge machen soll oder machen muss, und drückt damit aus, dass andere Menschen oder die Situation selbst uns dazu zwingen. „Ich muss noch für meine Mutter ein Geschenk kaufen." Dabei geht die Tatsache verloren, dass wir ursprünglich diese Dinge eigentlich selbst wollten und uns deshalb dafür mit allen Konsequenzen entschieden haben. Sobald es aber schwieriger, unangenehm oder anstrengend wird, geben wir anderen für unsere Lage die Schuld.

Neu: Versuchen Sie daher, den Teil Ihrer Handlungen hervorzuheben, der das Ergebnis Ihrer Entscheidung ist. Dies gelingt durch die Formulierungen „Ich möchte gern…" und „Ich will…" oder „Ich habe mich dafür entschieden…".

BEISPIEL

„Ich muss die Prüfung mit so wenig Fahrstunden wie möglich schaffen, damit es nicht so teuer wird." Ein positiver und unterstützender Gedanke dagegen könnte lauten: „Ich will so viele Fahrstunden machen, bis ich mich fit fühle – die Kosten sind daher zweitrangig."

unzulässige Verallgemeinerungen

Unzulässige Verallgemeinerungen

Negativ: Bei diesem Denkmuster wird ein einzelnes negatives Ereignis als Grund für eine allgemeine, grundsätzliche Aussage genommen. „Mir fällt nie was Richtiges zum Schenken ein." Ein Hinweis darauf in unserer Sprache ist das Benutzen von Wörtern wie „immer", „jedes Mal" oder „niemals".

Neu: Was ist eigentlich bisher rein objektiv passiert und welche Ausnahmen gibt es? Das ermöglicht dann die Einstellung „So ist es heute – beim nächsten Mal kann es ganz anders sein."

BEISPIEL

„Oh, Mann, jedes Mal, wenn es ans Einparken geht, kurbel ich wie bescheuert." Ein positiver und unterstützender Gedanke dagegen könnte lauten: „Das Einparken funktioniert eigentlich schon ganz gut – mal so mal so."

Über- und Untertreibung

Übertreibung
Untertreibung

Negativ: Übertrieben werden eigene kleine Fehler oder persönliche Mängel, aber auch die Fähigkeiten anderer. Untertrieben werden dagegen persönliche Stärken, Fähigkeiten und Leistungen sowie Fehler anderer. „Die anderen schenken immer so tolle Sachen, ich hab nur 'nen langweiligen Blumenstrauß."

Neu: Was kann ich wirklich gut oder schlecht?

BEISPIEL

Übertreibung: „Ich hab heute wieder nur Fehler gemacht, ich fahr ja wie ein Anfänger." Ein positiver und unterstützender Gedanke dagegen könnte lauten: „Was lief heute in der Fahrstunde ganz gut?"

Übernahme von Verantwortung

Verantwortung

Negativ: Natürlich sind wir täglich für verschiedene Dinge verantwortlich und damit auch dafür, ob sie gut oder schlecht ausgehen. Bei diesem ungünstigen Denkmuster übernimmt man die Verantwortung allerdings nur für die negativen Ereignisse, selbst dann, wenn es dafür keinen rationalen Grund gibt. „Es war gar keine schöne Geburtstagsstimmung. Sie hat sich sicher über meinen Blumenstrauß geärgert."

Neu: Was alles außer mir kann noch zu diesem Ergebnis geführt haben? Nun kann sich Ihr Blick für möglichst viele Faktoren erweitern, die das Ereignis in die eine oder andere Richtung beeinflusst haben.

BEISPIEL

„Wenn ich nicht den gesamten Verkehr im Blick habe, passiert sicher etwas." Ein positiver und unterstützender Gedanke dagegen könnte lauten: „Ich bemühe mich, den Verkehr gut im Blick zu haben – das ist genauso die Aufgabe der anderen und meines Fahrlehrers."

Gedankenlesen

Gedankenlesen

Negativ: Die Frage, was andere über uns denken, führt dazu, dass wir versuchen, Bemerkungen und Reaktionen unseren Mitmenschen zu deuten. Wenn wir es aber bei der eigenen Deutung belassen und aufgrund dieser Vermutungen sogar unser Verhalten anpassen, wird es zu einem negativen Denkmuster. „Sie war nicht gut gelaunt. Sie hat bestimmt gedacht, ich hätte einen größeren Blumenstrauß mitbringen können."

Neu: Welche Beobachtungen stützen meine Vermutungen oder fallen mir auch noch andere Deutungen ein?

BEISPIEL

„Warum hupt der denn? Der denkt bestimmt, dass ich Angsthase total schleiche." Ein positiver und unterstützender Gedanke dagegen könnte lauten: „Ob andere hupen, ist mir egal, denn ich bin Fahranfänger und passe meine Geschwindigkeit meinen Fähigkeiten an."

Wahrsagerei

Wahrsagerei

Negativ: Natürlich machen wir uns immer auch Gedanken dazu, wie Dinge sich wohl entwickeln werden oder wie eine Sache ausgehen wird. Zu einem nachteiligen Denkmuster wird es dann, wenn man davon ausgeht, dass es tatsächlich so sein wird, wie man vermutet. Sie schauen also wie in die Glaskugel und sagen sich Ihre Zukunft voraus. „Ich weiß jetzt schon, wie sie auf dieses Geschenk reagiert. Ich frage am besten gar nicht erst nach."

Neu: Stattdessen sollten Sie sich bewusst machen, wie groß die Wahrscheinlichkeit ist, dass Ihre Vorhersage tatsächlich zutreffen wird.

BEISPIEL

„Wenn ich so bescheuert weiterfahre, dann fall ich sowieso durch." Ein positiver und unterstützender Gedanke dagegen könnte lauten: „Ich bin noch dabei, vieles zu lernen. Wenn der Fahrlehrer und ich der Meinung sind, dass ich es schaffen könnte, will ich versuchen, die Prüfung zu bestehen."

Anerkennung fragwürdiger Autoritäten

fragwürdige Autoritäten

Negativ: Seien Sie immer vorsichtig, dass Sie nicht die falschen Leute fragen. Wenn Sie von Ihren Fahrstunden berichten, werden andere das kommentieren und vielleicht Verbesserungsvorschläge machen. Wenn Sie deren Ratschläge übernehmen, ohne die Kompetenzen und Erfahrungen geprüft zu haben, besteht die Gefahr, selbsternannte Autoritäten anzuerkennen. Wegen eines Geschenks fragen Sie Ihren 15-jährigen Sohn „Wenn du eine Oma wärst, würdest du dich über diesen Blumenstrauß freuen?"

Neu: Dieses Muster unterbrechen Sie durch die Überlegung, aufgrund welcher Erfahrungen die betreffende Person als seriöser Experte gelten darf.

BEISPIEL

„Mein Vater hat gesehen, wie ich losgefahren bin und meinte, dass ich die Kupplung viel früher kommen lassen muss." Ein positiver und unterstützender Gedanke dagegen könnte lauten: „Ich frage meinen Fahrlehrer, ob das Kuppeln und Schalten so okay ist."

Emotionale Argumentation

emotionale Argumentation

Negativ: Was der Bauch Ihnen sagt, darf durchaus eine Rolle spielen. „Das sind ja mega tolle Blumen – die muss ich unbedingt als Geschenk kaufen!" Er sollte aber selten das einzige Argument bleiben.

Neu: Beziehen Sie daher außer Ihren Gefühlen immer auch andere Dinge in Ihre Argumentation mit ein. Da gibt es vielleicht noch einiges mehr zu berücksichtigen.

BEISPIEL

„Ich merke das doch, dass ich total zittrig und flatterig am Steuer sitze." Ein positiver und unterstützender Gedanke dagegen könnte lauten: „Mein Gefühl sagt mir, dass es noch viel zu tun gibt. Aber ich will dazu auch meinen Fahrlehrer um eine Rückmeldung bitten und mache mir selbst eine Liste mit den Dingen, die ich kann."

Gehen Sie nun auf die Suche nach den Gedanken und Einstellungen, die bei Ihnen dafür sorgen, dass Sie in der einen oder anderen Autofahr- oder Prüfungssituation ängstlich reagieren. Fangen Sie mit den bekannten Situationen an und versuchen Sie später noch mit Hilfe der acht Gedankenmuster Ihre Sammlung zu vervollständigen. Schreiben Sie jeden gefundenen, negativen Gedanken wortwörtlich auf je eine eigene Karteikarte.

2.1.3 Wie Sie Ihre negativen Gedanken und Einstellungen verändern können

Nun sind Ihnen vielleicht schon einige eigene negative Einstellungen eingefallen oder die erwähnten Beispielgedanken passen auch für Sie. Dann möchte ich Ihnen jetzt erläutern, wie man mit diesen gefundenen und auf Karteikarten festgehaltenen Gedanken und Einstellungen umgeht.

Wenn es uns schlecht geht, weil wir Zweifel haben, etwas nicht zu schaffen, dann reagieren die anderen häufig mit gut gemeinten Ratschlägen und Kommentaren. Natürlich wollen sie helfen und unterstützen und versuchen es daher mit gutem Zureden. „Ach, das schaffst du schon – ich weiß gar nicht, was du hast." Oder auch „Du lernst doch jeden Tag dafür. Melde dich einfach an und dann bring's hinter dich." Irgendwie klingt dies Mut machend, aber Sie merken, dass die positive Stimmung nicht bei Ihnen ankommt. Stattdessen haben Sie mehr und mehr das Gefühl, dass Ihre Umgebung gar nicht weiß, wie es wirklich in Ihrem Innern aussieht. Sie fühlen sich völlig missverstanden und gegen Ihre Ängste helfen die Ratschläge gar nicht. Das liegt daran, dass die Äußerungen der anderen Ihre eigenen negativen Gedanken und Einstellungen nicht verändern konnten. Der eigentliche Kern Ihrer Sorgen wurde nämlich nicht getroffen. Oder anders ausgedrückt: Unsere Umgebung hat mit den Kommentaren ein paar Regeln nicht beachtet. Der bereits zu Beginn erwähnte Albert Ellis hat nämlich herausgefunden, dass vier wichtige Regeln stimmen müssen, wenn man einen negativen Gedanken oder eine negative Einstellung zu einer positiven, hilfreichen und unterstützenden Sache machen will.

WISSEN

Vier Regeln zur Veränderung der negativen Gedanken und Einstellungen

[1] Gleicher Inhalt
[2] Eigene Worte
[3] Positive Formulierung
[4] Realistische Einschätzung

gleicher Inhalt

Wie sind diese vier Regeln genau gemeint? Die Regel *Gleicher Inhalt* weist darauf hin, dass ein hilfreicher, neuer Gedanke auf genau dasselbe Thema eingehen muss, wie es auch in dem angstauslösenden, alten Gedanken steckt. Sonst reden wir nämlich im sprichwörtlichen Sinn aneinander vorbei. Würde also jemand die Sorge „Ich stell mich beim Einparken so blöd an“ äußern, dann ist das Thema eigentlich ganz eindeutig. Es geht ums Einparken. Darauf könnte man reagieren und beispielsweise antworten „Ach, komm, du fährst doch inzwischen so gut. Sogar die Autobahnfahrt hast du schon geschafft!“ Alles gut gemeint, doch an der Sorge um das Einparken ändern die angeblichen Autobahnfähigkeiten gar nichts. Das eine ist ja auch nicht durch das andere auszugleichen. Stattdessen könnte eine Bemerkung zum Thema „Einparken“ hilfreicher sein, etwa „Du hast doch noch ein paar Fahrstunden und könntest deinen Fahrlehrer bitten, das Einparken mehr zu üben.“ Jetzt ist es viel leichter möglich, dem Ratschlag zuzustimmen, weil es tatsächlich etwas an der schwierigen Situation des Einparkens verbessern könnte. Daher heißt die erste Regel „Gleicher Inhalt“.

eigene Worte

Mit der nächsten Regel *Eigene Worte* wird noch es deutlicher, warum die Bemerkungen der anderen häufig nicht passen. Natürlich sagen sie die Dinge so, wie sie es immer tun, nämlich mit den Worten, die sie sonst auch benutzen. Jeder hat ja im Prinzip seinen eigenen Wortschatz und drückt sich damit aus. Wir mit einem anderen Wortschatz verstehen schon, was gemeint ist. Doch es fühlt sich dann nicht so an, als sei das ein Gedanke von uns. Das Gehirn reagiert leichter auf die eigenen Begriffe. Deshalb können Sie die Beispiele für Gedanken und Einstellungen in diesem Buch natürlich übernehmen, wenn diese zu Ihnen passen. Aber Sie müssen wahrscheinlich noch ein paar Wörter austauschen und einen Satz umstellen und umformulieren. Denn die Beispiele sind ja von mir und daher vor allem mit meinem Wortschatz formuliert. Aus der Bemerkung „Du kannst dich ruhig entspannen“ wird dann vielleicht bei Ihnen „Du kannst ruhig lockerer sein“. Beides meint in etwa dasselbe, aber Ihre eigene Formulierung erkennt das Gehirn als solche viel besser. Daher heißt die zweite Regel „Eigene Worte“.

positive Formulierung

Die dritte Regel *Positive Formulierung* berücksichtigt die Tatsache, dass unser Gehirn sehr direkt funktioniert und daher Bemerkungen auf die wesentlichen Stichworte reduziert. Das führt dazu, dass es Verneinungen nicht unmittelbar versteht, sondern blitzschnell auf die benutzten Stichworte reagiert. Das funktioniert folgendermaßen: In der Bemerkung „Sei doch nicht so nervös!“ erkennt es das Thema Nervosität und beginnt deshalb sofort, sich damit zu beschäftigen. So sucht das Gehirn in den Erinnerungen nach Beispielen für Nervosität. Natürlich wird es fündig und wir steigern uns dadurch ungewollt in die Nervosität hinein. Dabei war eigentlich das Gegenteil gemeint. Mit einer positiven Formulierung macht das Gehirn zwar quasi das Gleiche, nun aber in die richtige Richtung: „Versuch doch mal, dich etwas zu beruhigen.“ Hier ist das Hauptthema „Beruhigen“ und deshalb richtet das Gehirn einen Großteil seiner Aufmerksamkeit nun in diese Richtung. Da wollten wir mit der Bemerkung ja auch hin. Durch die positive Formulierung wird man im Prinzip gezwungen zu überlegen, was anstelle des unangenehmen Zustands oder eines falschen Verhaltens treten soll und kann nun beginnen, es umzusetzen. Daher heißt die dritte Regel „Positive Formulierung“.

realistische Einschätzung

Die vierte Regel *Realistische Einschätzung* könnte man als eine Einschränkung der dritten Regel sehen. Denn wenn man ab jetzt also alles positiv formulieren soll, dann kann man sich doch gleich was ganz Tolles wünschen? „Bis zur Prüfung übe ich noch ein paar Mal das Einparken und dann mach ich das mit Links!“ Wär ja toll, wenn das so einfach klappen würde. Aber man merkt eben sofort, dass das nicht realistisch ist. Und da man sich mit so einer Übertreibung vor sich selbst unglaubwürdig macht, ist die Psyche auch nicht in der Lage, diesen übertriebenen Plan zu unterstützen. Viel realistischer ist dagegen der Satz „Ich übe das Einparken bis zur Prüfung ganz gezielt und kann es dann bestimmt besser als jetzt.“ Jetzt macht es Sinn, genau das zu tun. Daher heißt die vierte Regel „Realistische Einschätzung“.

Sie kennen nun die vier Regeln, um damit die negativen Gedanken und Einstellungen zu verändern. Versuchen Sie wie in den Beispielen zu einem auf einer Karteikarte notierten negativen Gedanken einen neuen, aber hilfreichen Gedanken zu finden. Achten Sie bei der Formulierung darauf, dass Sie die vier Regeln beachten. Zu Beginn ist das sicher ungewohnt und noch mühsam, aber Sie werden feststellen, dass es von Mal zu Mal leichter fällt. Schreiben Sie zu Beginn Ihren spontanen Vorschlag auf und prüfen Sie dann, ob Sie noch etwas im Sinne der vier Regeln verbessern können. Wenn Sie einen neuen Satz gefunden haben, mit dem Sie zufrieden sind, dann schreiben Sie ihn auf die noch leere Rückseite der passenden Karteikarte. Damit ist eine Karteikarte komplett: Sie haben einen negativen Gedanken auf der einen Seite. Und auf der anderen Seite finden Sie den neuen Gedanken, der nun mehr und mehr zu Ihrer festen Einstellung werden soll. Wie das funktioniert, folgt nun im letzten Abschnitt.

2.1.4 Die neuen Karteikarten benutzen

Karteikarten

Sie haben nun eine Sammlung von Karteikarten und zu jedem negativen Gedanken ein neues, positives Motto gefunden. Nur noch eine kleine Ergänzung fehlt, um mit diesen Karten arbeiten zu können: Schreiben Sie auf die Seite mit dem negativen Gedanken die Aufforderung „Stopp! Ich will anders darüber nachdenken!“ Damit fordern Sie sich auf, die Karte umzudrehen und sich dort mit dem neuen, positiven Motto zu beschäftigen. Vervollständigen Sie also zunächst alle Karteikarten um diesen Satz.

Im nächsten Schritt geht es nun darum, dass Sie die neuen Mottos mehr und mehr verinnerlichen, so dass sie wichtiger werden als die negativen Gedanken. Das können Sie auf zwei Arten tun. Wie beim Lernen einer neuen Sprache können Sie sich in einem ruhigen Moment, in dem Sie Zeit haben (zu Hause im Sessel oder auf der Heimfahrt im Bus), die Karten anschauen. Lesen Sie dazu immer erst den alten, negativen Gedanken durch und erkennen Sie ihn als einen eigenen Gedanken wieder. Sie merken vielleicht sogar, wie Sie dadurch zunächst unruhiger werden. Das ist kein Wunder, weil Sie sich durch die direkte Erinnerung an die Situation geradezu in das schlechte Gefühl hineinsteigern. Reagieren Sie dann auf die Aufforderung „Stopp! Ich will anders darüber nachdenken“ und drehen die Karte um. Lesen Sie sich das neue Motto durch und versuchen Sie, dem zuzustimmen. Das ist so, als wenn Sie dazu denken „Ja, so will ich das machen.“ Und versuchen Sie zu spüren, wie dieses neue Motto guttut und Sie in eine zuversichtlichere Stimmung versetzt. Je öfter Sie die Karten so zur Hand nehmen, umso selbstverständlicher werden Sie sich an das neue Motto erinnern und es im Ernstfall anwenden.

Die zweite Möglichkeit sieht so aus: Immer dann, wenn ein negativer Gedanke Ihnen durch den Kopf geht, dann suchen Sie sich die dazu passende Karteikarte. Reagieren Sie auch hier wieder auf die Aufforderung „Stopp! Ich will anders darüber nachdenken" und drehen die Karte um. Lesen Sie sich ebenso das neue Motto durch und versuchen Sie, dem zuzustimmen. Damit verhindern Sie, dass Sie sich in eine negative Spirale hineinsteigern, denn Sie unterbrechen sofort den negativen Gedanken und widmen sich stattdessen einem hilfreichen Motto. Sie können das so oft tun, wie Sie möchten. Wie beim Lernen gilt: Je öfter Sie sich damit beschäftigen, umso besser sitzt es.

Ich fahre-das Auto-im Verkehr-Methode

Mit der „Ich fahre-das Auto-im Verkehr-Methode" können Sie noch gezielter auf die Suche nach den wichtigen Einstellungen gehen. Denn im Zusammenhang mit dem Autofahren lassen sich negative Einstellungen entweder in Bezug auf sich selbst als Fahrer, in Bezug auf das Auto an sich oder in Bezug auf den Verkehr finden. Wenn sich eine Einstellung auf die Person selbst bezieht, dann zeigt sich das in grundsätzlichen Äußerungen, die meistens Ich-Aussagen sind. Dies sind Aussagen, die tatsächlich mit „Ich..." beginnen, beispielsweise „Ich bin technisch echt zu unbegabt" oder „Ich schaffe es bestimmt nicht, alles Wichtige für die Prüfung zu behalten." Eine Aussage auf das Auto bezogen würde dagegen so lauten: „Die Pedale richtig bedienen und dann auch noch wissen, wo der nächste Gang liegt, das ist zu viel auf einmal." Und eine Einstellung mit dem Verkehr im Mittelpunkt könnte lauten: „Es macht mich ganz nervös, wenn beim Linksabbiegen schon andere Autos hinter mir warten." Natürlich sind es letztendlich immer Sie, die an allen diesen Beispielen beteiligt sind, doch liegt ja der Schwerpunkt jeweils woanders. Dazu aber mehr im folgenden Kapitel 3, wo die Methode noch einmal ganz ausführlich erklärt wird.

2.2 Richtig Lernen: Wissen & Training

Das zweite wichtige Element, um in Fahrstunden, bei der Prüfung und beim selbstständigen Fahren auf der sicheren Seite zu sein, setzt voraus, richtig gelernt zu haben. Dies bedeutet, dass man sich theoretisches Wissen so lange aneignet, bis man es wirklich weiß. Und praktische Dinge werden erst durch regelmäßiges Training zu automatischen Selbstverständlichkeiten.

So gehört es beispielsweise zum Theorieteil, dass man die Vorfahrtsregeln kennt. In der Theoriestunde würden Sie mit Hilfe eines Bildes, das eine bestimmte Straßensituation zeigt, die Regel „rechts vor links" erläutert bekommen. Diese Regel ist relativ leicht nachzuvollziehen und könnte deshalb einfach abgehakt werden. Das wäre aber kein wirklicher Lernvorgang. Sie hätten höchstens schon mal davon gehört und es im selben Moment verstanden. Dann hatten Sie sich vorgenommen, es sich zu merken. Damit das Gehirn es sich aber wirklich merken kann, muss mehr geschehen. Ganz wichtig ist die Lernwiederholung. Das bedeutet, dass eine neue Information Ihnen mehrmals begegnen muss, wobei Sie aktiv dafür sorgen sollten, dass diese Begegnung stattfinden kann. Deshalb ist es so hilfreich, wenn Sie an den Theoriestunden teilnehmen, weil das eine Chance ist, dem notwendigen Wissen zu begegnen. Natürlich könnten Sie alles auch allein zu Hause durcharbeiten. Die Tatsache aber, dass Sie im Unterricht sich auf eine andere Art und Weise mit denselben Dingen beschäftigen, macht es dem Gehirn leichter, es zu lernen. Zu Hause hätten Sie nur ein Buch oder ein PC-Programm, bei der Fahrschule kommen im Unterricht der Fahrlehrer, alle von ihm beschriebenen Situationen und die Kommentare der anderen dazu. Dieselbe Information wird dann auf vielfältige Weise und mehrmals bearbeitet.

Lernwiederholung

Ähnlich ist der Effekt beim Training, wenn es also darum geht, bestimmte Handgriffe und Abläufe immer selbstverständlicher ablaufen zu lassen. So ist in der ersten Fahrstunde im Prinzip alles völlig neu: die Pedale, das Schalten, Blinken und in die Spiegel gucken. Drumherum noch der ganze Verkehr. Es ist völlig normal, wenn man da schnell den Überblick verliert und bei jedem Handgriff neu überlegen muss: „Wie ging das noch mal?" Nur durch gezielte Wiederholung können eben noch völlig neue Handgriffe, Blicke und Kombinationen aus beidem Stück für Stück zur Gewohnheit werden.

Training

Vielleicht ist Ihnen aufgefallen, dass zwischen einem Lernen mit dem Kopf und dem Trainieren mit Händen und Füßen kein so großer Unterschied besteht. Tatsächlich sind beide Vorgänge von uns geplante, aktive Prozesse. Und beide fordern von uns eine regelmäßige Beschäftigung mit dem, was gelernt werden soll. Ob Sie nun Skifahren (mehr körperlich), eine Sprache (mehr geistig) oder ein Musikinstrument, Tanzen oder Autofahren (körperlich und geistig) lernen wollen, immer braucht es Zeit und Übung.

Eine gute Lernhaltung

Ich lasse mir alles in Ruhe erklären, gebe mir genug Zeit zum Üben und werde es von Mal zu Mal besser können.

Noch ein wichtiger Hinweis zum Unterschied zwischen „Wissen“ und „Können“: Wir wissen aufgrund von Erlebnissen und Erfahrungen sehr viel. Man erkennt das an dem „Wiedererkennungseffekt“, der uns häufig begegnet. Beispielsweise fällt uns im Moment irgendetwas nicht ein. Eine Name, eine Hausnummer, ein bestimmtes Wort. Sobald jemand anderes diese Information nennt, können wir nur mit „Ach, ja!“ reagieren. Die Tatsache, dass wir etwas als richtig wiedererkennen belegt, dass wir es eigentlich selbst auch gewusst haben. Es ist uns nur gerade nicht eingefallen. So etwas darf in einer Fahrprüfung natürlich nicht passieren. Wenn uns der Prüfer am Schluss berichtet, wo unsere Fehler waren und wir dann auf einmal wissen, wie es richtig gewesen wäre, ist es längst zu spät. Es nützt uns nichts, dass wir ein passives Wissen mit Wiedererkennungseffekt zu der Sache haben. Unbedingt notwendig ist ein aktives Können. Dieses erreichen Sie durch wiederholtes Lernen und Training. Deshalb heißt es ja auch in einem Sprichwort: Übung macht den Meister. Und das gilt aus Sicht des Gehirns allemal.

2.3 Körperliche Ebene: Entspannung

Entspannung

Angst erzeugt genauso wie jegliche Form von Stress ein angespanntes, unruhiges und angestrengtes Gefühl im ganzen Körper. Im Kapitel 1 „Was ist Angst?“ ist dies in allen Einzelheiten beschrieben. Das genaue Gegenteil dieses Zustands wäre Entspannung und wenn der eine Zustand da ist, kann der andere nicht gleichzeitig auch noch da sein – entweder sind wir angespannt oder entspannt. Entspannung zeichnet sich durch eine enorme innere und äußere Ruhe aus.

Ich möchte Ihnen fünf einfache, aber doch sehr unterschiedliche Entspannungsübungen vorstellen. Natürlich können allein durch solche körperlichen Übungen die Ängste nicht vollständig beseitigt werden. Doch regelmäßiges Üben und Anwenden reduziert die körperliche Anspannung erheblich.

Gerade die Einfachheit der Atemübungen und der Fantasieübung bringt es mit sich, dass sie überall da, wo es einen Sitzplatz gibt, durchgeführt werden können. Üben können Sie zu Hause auf einem

Stuhl, aber selbst im Bus, in der U-Bahn oder in einem Warteraum wird es niemandem auffallen können. Sie sitzen nämlich einfach nur bequem da, vielleicht haben Sie die Augen geschlossen. Alles, was Sie tun, geschieht still und ist nur in Ihren Gedanken. Und es gibt noch zwei weitere Momente, in denen es nicht auffallen wird: in den beiden Prüfungen! Vor oder während der theoretischen Prüfung können Sie jederzeit innehalten und sich mit Hilfe einer Übung versuchen zu beruhigen. Und selbst vor der praktischen Fahrprüfung, wenn Sie bereits im Auto sitzen und der Prüfer alles Weitere erläutert, besteht die Möglichkeit für eine der Atemübungen. Wenn Ihr Fahrlehrer von Ihren Ängsten weiß und Sie deshalb auch mit dem Prüfer besprochen haben, bei zu viel Angst sogar während des praktischen Teils eine Unterbrechung machen zu dürfen, dann können Sie um 1–2 Minuten Pause bitten, bleiben auf dem Fahrersitz sitzen und wenden die Entspannungsübung an. Das ist alles möglich, weil Sie keine besondere Haltung, z. B. im Liegen, brauchen. Nun aber zu den konkreten Übungen.

Vielleicht merken Sie schon beim Durchlesen, ob die eine oder andere Übung Ihnen mehr zusagt. Die meisten Übungen nutzen die Atmung und den Atemrhythmus, weil gerade die Geschwindigkeit der Atemzüge mit Angst ebenso wie mit Entspannung zusammenhängen. Doch es gibt auch noch andere Übungen. Alle Übungen können im Sitzen durchgeführt werden – Sie brauchen also keinen sauberen Fußboden oder eine Matte, um sich hinzulegen. Das ist wichtig, weil Sie bei Beginn der Autofahrt und währenddessen ja auch ausschließlich sitzen. Somit ist gewährleistet, dass Sie diese einfachen Übungen sogar während der Autofahrt anwenden können, ohne dabei von der eigentlichen Autofahrt abgelenkt zu werden. Wichtig zu erwähnen ist noch, dass Sie die ausgewählte Übung mit dem Ziel der Entspannung anwenden wollen. Das bedeutet: Diese Übung wird ausschließlich für diesen einen Zweck benutzt. Sollten Sie nämlich Gefallen an der Übung gefunden haben und sie deshalb auch als Entspannung zum Einschlafen benutzen, dann vermischen sich die Wirkungen! Natürlich können Sie jede der Übungen auch zum besseren Einschlafen benutzen, aber dann ist sie für Sie eine Einschlafübung – sobald Sie diese dann im Auto anwenden, denkt Ihr Körper, dass er schlafen darf. Das soll er natürlich nicht! Und deshalb wenden Sie bitte eine passende Entspannungsübung gegen die Unruhe und Angst immer nur zur Entspannung an. Und wählen eben einfach eine der anderen Übungen zum Einschlafen aus, wenn Sie dazu gern eine der übrigen Übungen nutzen möchten.

Lesen Sie zunächst alle Entspannungsübungen einmal durch und probieren die für Sie passenden Übungen aus. Dabei kann es passieren, dass selbst der erste Versuch schon einen positiven Effekt hat: Sie haben das Gefühl, dass die eigentlich neue und unbekannte Übung schon beim ersten Mal funktioniert. Das ist ein gutes Zeichen und diese Übung kommt auf jeden Fall schon mal in die engere Wahl. Ideal ist es, wenn Sie eine Entspannungsübung finden, die bei Ihnen gut wirkt und die Sie mögen. Dann wenden Sie diese Übung regelmäßig an, damit sie im Ernstfall sofort wie ein Schalter umlegt – von Anspannung zu Entspannung. Bedenken Sie dazu, dass dieser Schalter zum Umlegen zunächst trainiert werden muss: Führen Sie Ihre Lieblingsübung mindestens 1-mal täglich für ein paar Minuten durch. Wenn Sie dabei jedes Mal in einen entspannten Zustand kommen, dann wird es sogar im Ernstfall wie auf Knopfdruck funktionieren. Zunächst brauchen Sie aber die Grundhaltung, die für alle Übungen gilt.

Die Grundhaltung für alle Entspannungsübungen

Stellen Sie sich innerlich darauf ein, dass Sie sich entspannen wollen und sich dafür jetzt ein wenig Zeit nehmen. Setzen Sie sich auf einen Stuhl möglichst bequem hin. Lehnen Sie sich dazu mit dem Rücken an, stellen beide Füße auf die Erde und legen die Hände in den Schoß. Schließen Sie ruhig die Augen oder gucken Sie vor sich auf den neutralen Fußboden. Nun können Sie mit einer der konkreten Übungen beginnen. Dafür möchte ich Ihnen gern fünf bewährte Übungen vorstellen.

WISSEN

Sollten Sie Müdigkeit, Hunger oder Schmerzen erst während der Entspannung bemerken, so sind diese nicht durch die Übung erzeugt, sondern sie werden zum ersten Mal bewusst wahrgenommen.

Atem-Zähl-Übung

Die „Atem-Zähl-Übung"

Der Name für diese Übung ist gut gewählt, denn tatsächlich besteht die Hauptaufgabe darin, dass Sie in Gedanken Ihre Atemzüge zählen. Eine Entspannung entsteht durch die Ablenkung der stressigen Gedanken auf eine simple Aufgabe und auf den eigenen Körper. Sie sollen nämlich Ihre Atemzüge beobachten und beim Zählen vor allem richtig zählen und nichts vergessen.

Nehmen Sie jetzt die eben beschriebene Grundhaltung im Sitzen ein. Und nehmen Sie einmal wahr, wie Ihr Körper gerade atmet. Ohne Ihr Zutun atmen Sie ganz automatisch in einem bestimmten Tempo und mit einer bestimmten Tiefe. Es geht nur darum, genau das zu registrieren. Dabei machen Sie sich bewusst, dass jeder Atemzug wie aus zwei Teilen besteht: dem Einatmen und dem Ausatmen. Ein Atemzug ist also fertig, wenn Sie ausgeatmet haben. An dieser Stelle beginnen Sie mit „eins“ und zählen dann jeweils weiter. Denn es folgt ein neuer Atemzug mit dem Ein- und Ausatmen. Sollten Sie nicht mehr wissen, wie weit Sie gerade schon waren, dann nehmen Sie die Zahl, an die Sie sich noch sicher erinnern oder die Sie schon gehabt haben müssen. Es macht ja nichts, wenn Sie etwas weiter vorn von Neuem beginnen, denn dann entspannen Sie ja nur ein bisschen länger. Das kann ja nicht schaden. Wenn Sie bei einer vorher festgelegten Zahl angekommen sind, genießen Sie noch einen Moment diesen angenehmen Zustand, öffnen dann die Augen und strecken sich. Nun kann es mit dem weitergehen, was Sie für diese kleine Pause unterbrochen hatten.

Bestimmen Sie die Dauer einer Entspannungsübung ganz einfach durch das Festlegen der letzten zu denkenden Zahl. 10–15 Atemzüge dauern etwa 1 Minute. Bereits 2–3 Minuten bewirken eine deutliche Entspannung, also zählen Sie beispielsweise bis 40.

Die Übung hat funktioniert, wenn Sie insgesamt ruhiger geworden sind und die letzten Atemzüge eher länger dauerten. Wenn es vorgekommen ist, dass Sie zwischendurch einen tieferen Atemzug (so wie eine Art Stöhnen) genommen haben, dann hat das die Entspannung sogar beschleunigt.

Ein-Ruhe-Atmung

Die „Ein-Ruhe-Atmung“

Als Nächstes folgt noch eine Entspannungsübung, die sich unsere Atmung zunutze macht. Und auch hier deutet der Name direkt auf die eigentliche Aufgabe hin. Statt sich einfach nur abzulenken, wie dies die vorherige Aufgabe versucht, kommt hier noch der Aspekt der Suggestion dazu. Das bedeutet: Wenn man immer wieder das Wort „Ruhe“ denkt, dann beeinflussen diese Gedanken die eigene Haltung: Man wird ruhiger. Das Gehirn sucht nämlich passende Assoziationen und beschäftigt sich automatisch mit dem Aspekt „Ruhe“.

Nehmen Sie jetzt die zu Beginn des Kapitels beschriebene Grundhaltung im Sitzen ein. Und nehmen Sie auch bei dieser Übung wahr, wie Ihr Körper gerade atmet. Ohne Ihr Zutun atmen Sie ganz automatisch in einem bestimmten Tempo und mit einer bestimmten Tiefe. Es geht nur darum, genau das zu registrieren. Dabei machen Sie sich bewusst, dass jeder Atemzug wie aus zwei Teilen besteht: dem Einatmen und dem Ausatmen. Und die eigentliche Aufgabe besteht nun darin, dass Sie jedes Einatmen in Gedanken mit dem Begriff „Ein" und das Ausatmen mit dem Begriff „Ruhe" begleiten. Sie sind nun damit beschäftigt, sich allein auf die Atmung und die dazu gehörigen Begriffe zu konzentrieren. Die Chance besteht darin, dass alle unangenehmen Gedanken verdrängt werden. Und die alleinige Beschäftigung mit der „Ruhe" bringt Sie auf dazu passende, entspannende Gedanken.

Die Übung hat funktioniert, wenn Sie insgesamt ruhiger geworden sind und die letzten Atemzüge eher länger dauerten. Wenn es vorgekommen ist, dass Sie zwischendurch einen tieferen Atemzug (so wie eine Art Stöhnen) genommen haben, dann hat das die Entspannung sogar beschleunigt.

Progressive Muskelentspannung

Eine Kurzform der „Progressiven Muskelentspannung (PMR)"

Bei dieser Übung machen Sie etwas ganz Konkretes mit Armen, Beinen, Gesicht und Atmung und müssen sich nichts in Gedanken vorstellen oder mit Hilfe von Suggestionen versuchen, sich zu beeinflussen. Diese Form gefällt vielen Menschen, die nicht einfach nur Dasitzen wollen, um irgendwie ruhiger und entspannter zu werden, während aber die Gedanken trotzdem weiter kreisen. Auch diese Übung wird im Sitzen durchgeführt, doch brauchen Sie einen eher ungestörten Platz. Weil Sie von außen betrachtet doch ein bisschen komisch dabei aussehen, passt die Übung nicht für solche öffentlichen Momente, wie beispielsweise in öffentlichen Verkehrsmitteln oder im Wartezimmer beim Zahnarzt. Sie werden gleich verstehen, warum, wenn Sie die einzelnen Elemente der Übung kennenlernen. Wenn Sie aber Ihrem Fahrlehrer davon berichten, können Sie sie natürlich auch unmittelbar vor einer Fahrstunde oder bei einer Unterbrechung nutzen.

Der eigentliche Übungsablauf besteht immer aus den drei Phasen Aufmerksamkeit – Anspannung – Loslassen. Schauen Sie sich die sechs einzelnen Elemente der Übung einmal an (Beine, Knie, Hände, Ellenbogen, Gesicht, Atmung) und probieren Sie aus, wie es sich anfühlt, wenn Sie die entsprechenden Muskeln anspannen. Denn dann sollen alle sechs Körperregionen gleichzeitig angespannt werden.

Nehmen Sie auch hier zunächst die Grundhaltung im Sitzen ein und stellen Sie sich innerlich darauf ein, dass Sie sich entspannen wollen.

Gleich wird sich Ihre Sitzhaltung allerdings verändern, denn nun beginnt die eigentliche Übung:

[1] Richten Sie die Aufmerksamkeit auf Ihren Körper.

[2] Beine: Strecken Sie die Beine und drücken die Zehenspitzen Richtung Boden, um die Waden anzuspannen.

[3] Knie: Drücken Sie die Knie durch, um die Oberschenkel anzuspannen.

[4] Hände: Machen Sie mit beiden Händen eine Faust, um Finger, Hände und Unterarme anzuspannen.

[5] Ellenbogen: Beugen Sie beide Ellenbogen, indem Sie die Unterarme in Richtung Oberarme drücken (um die Oberarme wie ein Bodybuilder in Pose anzuspannen).

[6] Gesicht: Runzeln Sie die Stirn, schließen und kneifen die Augen zusammen, pressen Sie die Lippen aufeinander und drücken die Zunge gegen den Gaumen.

[7] Atmung: Atmen Sie tief ein und halten die Luft an. Drücke Sie die Luft nach unten, als wollten Sie einen Bauch machen.

[8] Sieben Sekunden lang spannen Sie alles gleichzeitig an und halten die Spannung.

[9] Lassen Sie alles wieder locker und nehmen Sie den Unterschied zwischen der Anspannung und der angenehmen Entspannung wahr. Lassen Sie sich dafür eine halbe Minute Zeit.

[10] Ende der Übung: Öffnen Sie die Augen, strecken Sie sich oder stehen Sie ruhig kurz auf.

Machen Sie diese Gesamtübung ruhig zwei- oder dreimal nacheinander.

Die Übung hat funktioniert, wenn Sie einen Unterschied zwischen Anspannung und Loslassen bemerkt haben und Ihnen angenehm wärmer geworden ist.

Fantasieübung

Die Fantasieübung „Ein wunderbarer Ort"

Unser Gehirn beherrscht eine grundsätzliche Aufgabe sehr gut: Es kann in Gedanken so tun als ob. Das geschieht etwa, wenn wir uns an etwas Schönes erinnern, beispielsweise einen Urlaub. Wenn wir uns nämlich Fotos angucken oder mit anderen darüber reden, wie schön es war, dann können angenehme Gefühle entstehen. Es fühlt sich fast so an, als würde der Moment noch einmal Wirklichkeit.

Und das Sich-an-etwas-erinnern wird bei der Fantasieübung „Ein wunderbarer Ort" zur gezielten Entspannung genutzt. Sie brauchen dafür einen Ort, den Sie kennen und mit dem Sie angenehme Momente verbinden. Viele Menschen denken dabei spontan an etwas aus einem Urlaub und als typische Bilder werden ein Strand oder die Berge genannt. Andere denken eher an einen Ort aus ihrer Kindheit. Dann handelt es sich um eine Wiese oder ein Wald, wo man gern gespielt hat. Die Erinnerung sollte möglichst viele der Sinne beteiligen. Auch wenn wir von „inneren Bildern" sprechen, sind ebenso Geräusche, Geschmack und Geruch und vor allem das angenehme Gefühl gemeint. Versuchen Sie zuerst, so einen Ort zu finden, an den Sie bei dieser Entspannung denken wollen.

Nehmen Sie dafür die zu Beginn beschriebene Grundhaltung für Entspannungsübungen ein.

Stellen Sie sich in Gedanken vor, Sie wären jetzt wirklich an dem ausgesuchten Ort. Vor Ihrem geistigen Auge tauchen die dazu gehörigen Bilder auf. Schauen Sie sich mit geschlossenen Augen um, was alles zu diesem Ort gehört. Sind Sie allein oder sind andere Menschen dabei? Und welche Geräusche sind hier zu hören? Natur, Musik, Stimmen? Gibt es auch einen passenden Geruch oder sogar einen Geschmack? Versuchen Sie sich auch daran zu erinnern. Und wenn die Erinnerung gut funktioniert: spüren Sie auch ein angenehmes Gefühl?

Geben Sie nun diesem Ort einen Namen. Das kann der tatsächliche Name sein (z. B. Rügen, Fidschi, Grunewald), ein passender Begriff (meine Wiese, Sandstrand, mein Balkon) oder ein allgemeines, zusammenfassendes Wort (z. B. Frühling, Ruhe, Wärme). Bleiben Sie in der Erinnerung ruhig noch ein bisschen dort und genießen es, an Ihrem wunderbaren Ort zu sein.

Wenn Sie die Entspannungsübung beenden wollen, dann zählen Sie im Stillen bis 10 und öffnen dann wieder die Augen. Strecken Sie sich ruhig und schauen sich um, wo Sie gerade wirklich sind.

Die Übung hat funktioniert, wenn es Ihnen gelungen ist, sich so zu fühlen, als wenn Sie wirklich für einen Moment an dem Ort gewesen sind und daher richtig abgeschaltet haben. Sie müssten sich jetzt angenehm erholt fühlen.

2-und-4-Atmung

Die „2-und-4-Atmung"

Und auch bei dieser Entspannungsübung steht die Atmung im Mittelpunkt der Aufmerksamkeit. Dieses Mal soll durch einen festgelegten Atemrhythmus angedeutet werden, dass Entspannung erlaubt und möglich ist. Denn bei dieser Übung dauert das Ausatmen länger als das Einatmen. So können wir normalerweise nur atmen, wenn wir Zeit und Ruhe haben. Schon Spazierengehen oder Treppensteigen braucht eine schnellere Atmung, denn hier sind wir ja auch aktiv. Und bei Angst wird die Atmung geradezu hektisch. Also besteht der Vorteil darin, so zu atmen, wie wir es in einem entspannten Moment tun würden. Atmen Sie dabei zwei Taktschläge lang ein, aber vier Taktschläge lang aus. Das ist doppelt so lang und am Ende werden Sie sicher Ihre gesamte Luft schon ausgeatmet haben. Manchen ist das Tempo noch zu schnell und hektisch – dann können Sie auch drei Taktschläge lang einatmen und dafür aber fünf Taktschläge ausatmen. Probieren Sie ruhig aus, welches Tempo für Sie angenehm ist und Sie daher besser entspannen lässt. Es folgt nun noch einmal eine genaue Beschreibung:

Nehmen Sie die zu Beginn des Kapitels beschriebene Grundhaltung im Sitzen ein. Und nehmen Sie auch bei dieser Übung wahr, wie Ihr Körper gerade atmet. Ohne Ihr Zutun atmen Sie ganz automatisch in einem bestimmten Tempo und mit einer bestimmten Tiefe. Es geht erst einmal nur darum, genau das zu registrieren. Nun versuchen Sie, die Dauer Ihrer Atemzüge zu verändern: Atmen Sie zwei Taktschläge lang ein und vier Taktschläge lang wieder aus. Bestimmen Sie die Dauer der Entspannungsübung einfach durch die Anzahl der Atemzüge, ohne diese aber zählen zu müssen. Die Tatsache, länger auszuatmen, wird Sie insgesamt ruhiger machen.

Die Übung hat funktioniert, wenn Sie insgesamt ruhiger geworden sind und die letzten Atemzüge eher länger dauerten. Wenn es vorgekommen ist, dass Sie zwischendurch einen tieferen Atemzug (so wie eine Art Stöhnen) genommen haben, dann hat das die Entspannung sogar beschleunigt.

Sie haben nun verschiedene Übungen kennengelernt. Finden Sie heraus, welche Übung Ihnen am besten gefällt oder welche am besten funktioniert. Machen Sie diese Übung jeden Tag mindestens einmal für einige Minuten, damit Ihr Körper lernt, dass auf diese Weise Entspannung möglich ist.

3 Die „Ich fahre-das Auto-im Verkehr-Methode"

Sie haben auf den bisherigen Seiten typische Angstmomente kennengelernt und sich bestimmt in der einen oder anderen Sache auch wiederfinden können. Nach den allgemeinen Informationen, wie Angst an sich entsteht, haben Sie erfahren, mit welchen drei Elementen man etwas gegen Angst tun kann – positive Gedanken, richtiges Lernen und Entspannung.

Nun ist es an der Zeit, Ihnen meine Methode vorzustellen, mit der Sie Stück für Stück Ihre Angst in den verschiedenen Situationen abbauen können, damit das selbstständige Autofahren immer besser gelingt. Sie finden darin auch die drei Elemente wieder. Das Autofahren auf eine sinnvolle Weise zu lernen und dabei eine entspannte Grundhaltung zu haben, sind zwei wichtige und hilfreiche Dinge. Doch bei meiner Methode wird den positiven Gedanken die größte Aufmerksamkeit geschenkt. Denn der Teil, der eine Angst am stärksten auslöst und damit auch intensiver bearbeitet werden muss, ist der Teil, der sich um die Gedanken und Einstellungen kümmert. Wie Sie diesen Teil nun intensiv genug bearbeiten können, das zeigt Ihnen die von mir entwickelte „Ich fahre-das Auto-im Verkehr-Methode". Was verbirgt sich hinter diesem langen Namen?

Sieben Schritte sind notwendig, um Ängste abzubauen. Dabei werden Stück für Stück die mentale Einstellung bearbeitet, dann das richtige Lernen mit „Wissen und Training“ umgesetzt und zuletzt die Entspannung eingebaut.

Nachdem im ersten Schritt ein Angstmoment ausgewählt wird, kann in Schritt 2 und 4 die Technik zur Umwandlung negativer Gedanken und Einstellungen von Albert Ellis, das ABC-Modell, genutzt werden (Beschreibung des Modells siehe Teil I, Kapitel 2.1). Dabei hilft ein zusätzlich eingefügter Schritt 3, in dem Sie herausfinden sollen, welcher der drei Teile Fahrer, Auto oder Verkehr in den Gedanken und Einstellungen angesprochen wird. Was ist mit diesen Teilen genau gemeint? Grundsätzlich sind an einer Situation immer mehrere Teile beteiligt. Beim Autofahren sind es immer **Sie** (der Fahrer), die sich mit einem Auto im Verkehr bewegen. Sie können beim Autofahren weder sich, noch das Fahrzeug weglassen. Und auch andere Verkehrsteilnehmer, parkende Fahrzeuge oder Ampeln und Verkehrsschilder sind immer da. Sie müssen sich sogar dann, wenn Sie ganz allein auf einer Straße fahren, mit Ihrer Umgebung beschäftigen. So kann man eigentlich gar nicht sagen, es sei auf einer einsamen Landstraße „gar kein Verkehr“. Man meint natürlich, dass niemand gleichzeitig mit uns auf der Straße fährt. Doch die Straße selbst und die Verkehrsregeln sind trotzdem da. Und Sie müssen sich darauf richtig einstellen. Und letztendlich könnte ja auch schon hinter der nächsten Kurve ein weiterer Verkehrsteilnehmer auftauchen. So sind Sie auch ständig mit dem Verkehr beschäftigt. Das bedeutet also: Wenn Sie beim Autofahren Angst verspüren, dann ist die Ursache dafür in mindestens einem der drei Teile (Probleme als Fahrer, Probleme mit dem Auto, Probleme mit dem Verkehr) zu finden. Oder auch eine Kombination aus mehreren Teilen kann die Ursache für Ihre Angst sein. Und damit der Fundort, um die Angst gezielt abzubauen.

Auto

Verkehr

In Schritt 5 legen Sie eine Karteikarte an, um den eben bearbeiteten Gedanken festzuhalten und jederzeit zur Verfügung zu haben.

In Schritt 6 finden Sie das Element „Richtig Lernen: Wissen und Training“ wieder (Beschreibung in Teil I, Kapitel 2.2). Zuletzt wird im Schritt 7 das Element „Entspannung“ genutzt (Beschreibung der Technik in Teil I, Kapitel 2.3).

Anhand eines Beispiels will ich Ihnen nun ausführlicher die sieben Schritte der „Ich fahre-das Auto-im Verkehr-Methode“ erläutern.

Veränderung in sieben Schritten

Vorab sammeln Sie zunächst völlig unsortiert, in welchen Momenten Sie Angst oder zumindest eine große Unruhe oder Anspannung haben. Schreiben Sie diese auf.

BEISPIEL

„Wenn ich an der roten Ampel warte und hinter mir auch noch Autos stehen.“

„Beim Einparken – da brauche ich so lange, dass andere immer an mir vorbei wollen, obwohl Gegenverkehr kommt.“

„Wenn ich auf die volle Autobahn fahren muss.“

„Die theoretische Prüfung, weil ich so viel wissen muss, was abgefragt werden könnte.“

Schritt 1: Welche Situation soll verändert werden?

Entscheiden Sie sich für eine Situation, die Sie nun verändern wollen.

BEISPIEL

Wenn ich an der roten Ampel warte und hinter mir auch noch Autos stehen.

Greifen Sie nacheinander auf die drei hilfreichen Elemente zurück, wie sie in Kapitel 2 beschrieben wurden. Zunächst „Gedanken und Einstellungen“:

Schritt 2: Den angstauslösenden Gedanken oder die Einstellung finden

Finden Sie den negativen Gedanken oder die negative Einstellung, durch die Ihre Angst oder Unruhe (hier: an der roten Ampel) ausgelöst wird.

BEISPIEL

„Jetzt bloß nicht bei Grün den Motor abwürgen – die hinter mir halten mich sonst für unfähig.“

Schritt 3: Welcher Teil wird angesprochen?

Finden Sie heraus, welcher Teil der „Ich fahre-das Auto-im Verkehr-Methode“ dabei angesprochen wird: Fahrer, Auto oder Verkehr?

BEISPIEL

Auto und Verkehr werden angesprochen. Das Auto, weil man sich beim Anfahren mit Kupplung, Gas und Gangschaltung auskennen muss. Der Verkehr, weil andere Autofahrer beteiligt sind, die in diesem Fall genervt sein können.

Schritt 4: Den negativen Gedanken oder die Einstellung umwandeln

Wandeln Sie den negativen Gedanken mit der Methode nach Ellis in einen unterstützenden, positiven Gedanken um.

BEISPIEL

„Wenn ich an der Ampel wieder losfahre, benutze ich Kupplung, Gas und Schaltung so, wie ich es zum Anfahren gelernt habe. Die anderen müssen warten, bis ich weg bin.“ Sie erkennen in dieser neuen Formulierung das Auto mit seinen Pedalen und die anderen Autofahrer wieder. Beide Teile werden also auch hier wieder angesprochen.

Schritt 5: Eine Karteikarte für den umgewandelten Gedanken anlegen

Legen Sie eine eigene Karteikarte für den bearbeiteten Gedanken an, indem Sie auf die eine Seite den alten, angstauslösenden Gedanken schreiben. Auf die Rückseite schreiben Sie den neuen, positiven Gedanken.

Schritt 6: Wird Wissen oder Training benötigt?

Prüfen Sie, ob zu dem gefundenen Teilen Fahrer, Auto oder Verkehr etwas hinsichtlich „Wissen & Training“ fehlt. Lesen Sie im Teil 3 dieses Buches nach, was Sie dazu tun können (Was brauchen Sie an Informationen, um die Situation besser zu bewältigen? Zum Beispiel den Ablauf der Prüfung kennen, damit man weiß, was auf einen zukommt. Aber auch wissen, was man als Plan B machen darf, falls man durchfallen sollte).

BEISPIEL

Wissen: Ich weiß eigentlich, wie das Anfahren geht. Training: Ich könnte es aber in ruhigen Situationen – ohne andere hinter mir – noch mal gezielt mit meinem Fahrlehrer üben. Also mehrmals auf einem leeren Parkplatz anhalten und wieder losfahren, so als stünde ich an einer roten Ampel, die jetzt Grün wird.

Schritt 7: Wo passt eine Entspannungsübung hin?

Nutzen Sie für das dritte Element „Entspannung“ Ihre Lieblingsübung, die inzwischen am besten funktioniert. Erinnern Sie sich an die Übung und überlegen Sie, wie Sie die Übung vor, während oder nach der gefundenen Situation einbauen können.

BEISPIEL

Während ich die Ampel im Blick habe und auf Grün warte, achte ich auf meine Atmung und atme so, wie in der Ein-Ruhe-Atmung beschrieben.

Dadurch werden Sie nun nicht mehr in den Rückspiegel starren, sondern die Ampel beobachten. Und in Gedanken sind Sie mit der Entspannung beschäftigt und nicht mehr mit den wartenden Autofahrern.

Sie wissen bereits, dass es – neben dem fehlenden Wissen und Training sowie der körperlichen Anspannung – vor allem die negativen Gedanken und Einstellungen sind, die eine Angst erzeugen. Wie ist das genau gemeint, dass sich negative Gedanken und Einstellungen auf den Fahrer, auf das Auto oder auf den Verkehr beziehen können?

1. Gedanken und Einstellungen bezogen auf die drei Teile Fahrer, Auto und Verkehr

Auf die drei Teile (Fahrer, Auto und Verkehr) angewendet heißt das, dass Sie folgende negativen Gedanken und Einstellungen haben können:

WISSEN

[1] Meine Gedanken und Einstellungen zu mir selbst
[2] Meine Gedanken und Einstellungen zum Auto
[3] Meine Gedanken und Einstellungen zum Verkehr

Mindestens bei einem dieser drei Teile wird es einen negativen Gedanken oder eine negative Einstellung geben, durch die Ihre Angst ausgelöst wird. Mit ein paar Beispielen will ich das noch deutlich machen.

„Ich fahre …" – Meine Gedanken und Einstellungen zu mir selbst

Sie sind der Fahrer und haben sich eine Meinung zu Ihren Fähigkeiten als Autofahrer gebildet. Dies können Gedanken sein, die sich auf einzelne Situationen beziehen:

„Beim Einparken stelle ich mich total blöd an."

Oder es sind grundsätzliche Einstellungen zu sich selbst:

„Ich bin nun wirklich kein guter Autofahrer und werde es sicher auch nie sein."
An solchen Gedanken und Einstellungen in Bezug auf sich selbst kann man sehen, dass Sie selbst mit sich eher kritisch umgehen. Das kann sich mit den Auffassungen der anderen decken, aber auch ganz allein Ihre (schlechte) Meinung von sich sein. Das sind dann meistens Einstellungen, dass man etwas eh nicht kann und auch gar nicht erst probieren braucht. Und wenn man es doch einmal probiert, geht es sicher schief.

„… das Auto …" – Meine Gedanken und Einstellungen zum Fahrzeug

Bei diesem Teil steht das Auto (oder jedes andere Fahrzeug auch) mit seiner Technik, den vielen möglichen Handgriffen und mit seiner Kraft im Vordergrund. Auch hier können sich Gedanken auf einzelne Situationen beziehen:

„Beim Anfahren ruckelt es bei mir eigentlich immer."

Oder die Einstellungen beziehen sich auch hier auf grundsätzliche Dinge:

„Das Auto ist ja unglaublich schnell – wie gefährlich!"

Eine Grundeinstellung geht also mehr in die Richtung, das Fahrzeug nicht zu beherrschen und für sich nutzen zu können. Stattdessen ist es die Maschine, die ein gewisses Eigenleben zu führen scheint.

„... im Verkehr“ – Meine Gedanken und Einstellungen zum Verkehr

Der Verkehr ist etwas Lebendiges und verändert sich ständig. Sogar dieselbe Straße, die man häufig nutzt, ist nie gleich: mal mehr, mal weniger Verkehr. Mal hat man mit den Ampeln eine „grüne Welle“, doch zu einer anderen Zeit sind sie ausgefallen und schon gelten die Verkehrszeichen. Eine sonst leere Straße kann zu einem anderen Zeitpunkt mehrere Fahrradfahrer, Fußgänger oder einen LKW aufweisen, der gerade seine Ladung abliefert. Die Gedanken und Einstellungen beschäftigen sich dann damit, dies alles überblicken zu müssen. Neue und spontane Situationen müssen bewältigt werden. Dabei kann es sein, dass man von anderen Verkehrsteilnehmern auch noch beobachtet wird. Ein Gedanke kann sich auch hier auf eine einzelne Situation beziehen:

„Warum fährt der hinter mir so dicht auf?“

Oder es gibt grundsätzliche Einstellungen zum Verkehr und den anderen Verkehrsteilnehmern:

„Wird eine Ampel Grün, muss ich schnell los, damit ich die anderen nicht aufhalte.“

Im Kapitel 2 haben Sie schon erfahren, wie Sie gezielt an diesen Gedanken und Einstellungen arbeiten können, damit sie nicht mehr stören. Mit der Methode von Albert Ellis machen Sie aus den Angst auslösenden Gedanken solche, die Sie zukünftig unterstützen. Dazu fertigen Sie in Schritt 5 Karteikarten an. Auf je einer Karte steht ein angstauslösender Gedanke und auf der anderen Rückseite ein positiver und damit unterstützender Gedanke. Erinnern Sie sich in diesem Zusammenhang auch an die Regeln, die für einen solchen neuen Gedanken gelten.

Karteikarten

Abb. 5: Material: Karteikarten DIN A6 und ein Stift

Kommen wir zum zweiten Element „Wissen und Training“, bei dem es um das richtige Lernen geht. Wie kann dieses auf die drei Teile Fahrer, Auto und Verkehr angewendet werden?

2. Wissen und Training bezogen auf die drei Teile Fahrer, Auto und Verkehr

Unsicherheit und Angst sind berechtigt, wenn man sich in eine völlig unbekannte Situation begibt und nicht weiß, was auf einen zukommt. Oder auch dann, wenn man die Dinge nicht richtig beherrscht, die in einer bestimmten Situation notwendig sind. Etwa auf die Führerscheinprüfung bezogen heißt das: Sie sollten wissen, wie so eine Prüfung grundsätzlich abläuft. Dann können Sie sich nämlich gezielt darauf einstellen und sind nicht plötzlich überrascht, was man von Ihnen verlangt. Und dann folgt daraus, dass Sie alles Notwendige auch beherrschen. Also lernen und üben Sie das. Für die Theorie lernen Sie die Antworten auf die Theoriefragen. Und für die praktische Prüfung lernen und üben Sie während der Fahrstunden das Fahren in den verschiedenen Situationen. Überprüfen Sie für jede Situation, in der Sie Unsicherheit oder Angst verspüren, ob Ihnen das notwendige Wissen oder Training fehlt. Mit einigen Beispielen will ich auch das hier verdeutlichen:

„Ich fahre …" – Wissen und Training in Bezug auf mich als Fahrer

In den einzelnen Fahrstunden, aber auch im Theorieunterricht erfahren Sie viel Neues. Dazu gehört auch, was einen guten Fahrer ausmacht. Eigenschaften wie Ruhe und Gelassenheit oder einen guten Überblick zu behalten sind wertvoll, um insgesamt mit der Fahrsituation klarzukommen. Wenn sie fehlen, macht es Sinn, daran zu arbeiten. Das kann beispielsweise durch zunehmende Erfahrung und den Lernzuwachs im Laufe der Fahrstunden gelingen. Von sich aus helfen die Eigenschaften nicht, wenn Sie etwa Probleme mit der Geschwindigkeit auf der Autobahn haben. Man gewöhnt sich nicht einfach daran. Aber Ihr Fahrlehrer kann Ihnen erklären, dass Sie die Geschwindigkeit selber bestimmen, und unterschiedliche Geschwindigkeiten mit Ihnen ausprobieren. Das könnte die Basis für eine Veränderung Ihrer Einstellung „Ich mag hohe Geschwindigkeiten nicht" sein.

„… das Auto …" – Wissen und Training in Bezug auf das Fahrzeug

Niemand setzt sich als Anfänger einfach in ein Auto und fährt los. Obwohl man schon mal etwas von Kupplung und Schaltung gehört hat, heißt das noch lange nicht, dass man es einfach benutzen kann. Ihr Fahrlehrer wird Ihnen solche Dinge, die das Fahrzeug *Auto* ausmachen, in Ruhe erläutern. Dennoch kann es sein, dass Sie sich nicht immer gleich alles gemerkt haben. So kann Ihnen wichtiges Wissen in Bezug auf das Auto tatsächlich fehlen und deshalb verunsichern. Hier würde man durch Nachfragen die Lücken beseitigen. Und das regelmäßige Benutzen des neuen Wissens ist dann wieder das notwendige Training, damit die Handgriffe auch sitzen und immer automatisierter ablaufen.

„… im Verkehr" – Wissen und Training in Bezug auf den Verkehr

Hier geht es um die Verkehrsregeln und das richtige Verhalten im Verkehr. Wenn Sie ein Verkehrszeichen nicht kennen, ist es selbstverständlich, dass Sie verunsichert sind. Die Gefahr ist groß, dass Sie sich falsch verhalten. Und Ihr Fahrlehrer wird Ihnen viele Verhaltensweisen beibringen, die nicht ausschließlich mit den Schildern geregelt sein können. Der Schulterblick beim Rechtsabbiegen etwa. Oder Ihre Reaktion auf hupende Autofahrer, während Sie einparken. Auch hier kann fehlendes Wissen oder die fehlende Gewohnheit durch regelmäßiges Training starke Verunsicherung hervorrufen.

WISSEN

Im Serviceteil dieses Ratgebers werden Sie viel Hintergrundwissen bekommen, um gezielt Ihr Wissen zu verbessern. Außerdem bekommen Sie Tipps für das regelmäßige Training. Damit können Sie gezielt Ihr Wissen und Training bezogen auf die drei Teile Fahrer, Auto und Verkehr verbessern.

Nun fehlt noch das dritte Element, die Entspannung.

3. Entspannung bezogen auf die drei Teile Fahrer, Auto und Verkehr

Als ich in Kapitel 2 beschrieben habe, dass Sie auch mit Hilfe des Körpers etwas gegen die Angst tun können, haben Sie verschiedene Entspannungsübungen kennengelernt. Ideal ist es, wenn Sie für sich eine Übung gefunden haben, die Sie inzwischen gern machen und die gut wirkt.

Bei jedem der drei Teile Fahrer, Auto und Verkehr ist es vollkommen ausreichend, dass Sie diese eine Entspannungsübung einsetzen. Das heißt, Sie brauchen nicht etwa eine jeweils passende Übung auswählen. Für alle Situationen genügt die eine Übung, die gut wirkt. Wichtig ist nur, dass Sie daran denken, Sie zu benutzen.

Nun kennen Sie die „Ich fahre-das Auto-im Verkehr-Methode" mit den drei hilfreichen Elementen Gedanken & Einstellungen, Wissen & Training und Entspannung. Damit können Sie nun gezielt Ihre Angst abbauen. Dabei möchte ich Sie im nächsten Teil dieses Buches unterstützen. Sie finden alle in Teil I beschriebenen Situationen wieder, warum das Autofahren so schwer sein kann. Es tauchen jeweils typische Beispiele zu „Gedanken und Einstellungen" auf. Wichtig sind dann die Vorschläge, wie ein neuer, hilfreicher Gedanke lauten könnte. Wenn Sie sich in den Beispielen wiederfinden, können Sie den neuen Gedanken gleich übernehmen. Prüfen Sie dann aber unbedingt, ob die vier Regeln noch stimmen. Zumindest die Regel „Eigene Worte" könnte manches Mal nicht zutreffen, da die Formulierungsvorschläge ja von mir stammen. Sie müssen den Satz dann noch mit Ihren eigenen Worten umformulieren. Außerdem erhalten Sie viel Hintergrundwissen und Hinweise, wie Sie eine schwierige Sache gezielt üben können. Dies deckt „Wissen & Training“ ab. Und „Entspannung“ wird berücksichtigt, indem zu den Beispielen gezeigt wird, wann Sie die Übung einbauen könnten und wie sich das dann positiv auswirken kann.

Da es nun im dritten Teil dieses Ratgebers darum gehen wird, an den konkreten Autofahrängsten zu arbeiten, möchte ich noch eine wichtige Frage an das Ende dieses Kapitels stellen. Sicher gibt es um Sie herum Menschen, die von Ihrem Vorhaben wissen. Einige müssen auch ja auch eingeweiht werden, weil Sie in Kürze anders mit dem Autofahren umgehen wollen. Die Frage zum Nachdenken lautet: Wen haben Sie bei diesem Vorhaben eigentlich auf Ihrer Seite? Wer unterstützt Sie wirklich voll und ganz? Oder gibt es auch Menschen in Ihrer Nähe, die nicht an Sie glauben? Oder zumindest skeptisch sind, ob das so funktionieren kann? Ein Autofahren ohne Angst ist leichter zu erreichen, wenn man dabei moralische Unterstützung erhält. Und tatsächliche Hilfe und positive Worte. Deshalb beginnt der Teil III mit dem Kapitel „Wer hilft mir?“.

Teil III:
Autofahren ohne Angst

Michael Sauer, 58,
Grafiker aus
Mecklenburg-Vorpommern

„Niemals stressen lassen und auch dann einen kühlen Kopf bewahren, wenn andere hektisch oder sogar aggressiv fahren!“

Was hat Sie dazu bewogen, mit 58 doch noch einen Führerschein zu machen?

Herr Sauer: Ich bin aus einer Großstadt aufs Land gezogen. Da mein neuer Wohnort nicht an den öffentlichen Personennahverkehr angebunden ist, war ein Auto für mich unerlässlich.

War es für Sie als älterer Fahrschüler schwieriger, das Autofahren zu erlernen?

Herr Sauer: Ja, ich denke schon. Eigentlich fiel mir das Autofahren von Anfang an leicht. Mehr noch: Es macht mir sogar großen Spaß. Anders war es in den Theoriestunden: Die trockene Theorie zu lernen, fiel mir deutlich schwerer. Ich hatte das Gefühl, länger für den Stoff zu brauchen, als meine jüngeren Mitfahrschüler.

Was fanden Sie in Ihrer Fahrschulzeit am schwierigsten?

Herr Sauer: Neben der Theorie fiel mir zu Beginn auch das Schalten und Kuppeln schwer.

Welches Verhalten Ihres Fahrlehrers fanden Sie besonders hilfreich?

Herr Sauer: Mein Fahrlehrer war jünger als ich, trotzdem haben wir uns darauf geeinigt, uns zu duzen. Das schaffte großes Vertrauen im gegenseitigen Umgang. Daneben war auch sein großer Erfahrungsschatz sehr hilfreich. Der floss in jede Fahrstunde mit ein. Er hatte den Verkehr immer vorausschauend im Blick und zeigte mir die passenden Reaktionsmöglichkeiten auf.

Was empfanden Sie, als Sie sich zum ersten Mal alleine hinters Steuer setzten.

Herr Sauer: Ich war sehr aufgeregt! Aber: Ich war auch sehr stolz darauf. Ich bin damals nur eine kurze Strecke von zu Hause zum Supermarkt gefahren. Das Einparken war auch noch etwas schwierig, da die anderen Autofahrer hektisch unterwegs waren. Aber letztendlich hat es gut funktioniert. Trotzdem war ich froh, als ich wieder wohlbehalten zu Hause ankam.

Was mögen Sie am Autofahren?

Herr Sauer: Ganz klar: das Gefühl von Unabhängigkeit. Es ist aber auch ungemein praktisch, besonders wenn es etwas Schweres oder Großes zu transportieren gibt.

Am liebsten fahre ich über Land, da gibt es viel zu sehen. Zudem mag ich es einfach, in meinem Auto zu sitzen, denn dort ist es gemütlich.

Und gibt es eine Situation, die Sie auch heute noch stresst oder Ihnen sogar Angst macht?

Herr Sauer: Das Anfahren am Hang ist noch immer stressig. Besonders dann, wenn ich an einer Ampel stehe, anfahren muss und Autos in der Schlange hinter mir warten.

Was möchten Sie anderen älteren Fahranfängern gerne mit auf den Weg geben?

Herr Sauer: Niemals stressen lassen und auch dann einen kühlen Kopf bewahren, wenn andere hektisch oder sogar aggressiv fahren! Ich rate aber auch zum defensiven Fahren. Das bietet meiner Erfahrung nach den besten Selbstschutz und hilft auch anderen Verkehrsteilnehmern, gut durch den Verkehr zu kommen.

1 Wer hilft mir?

Bevor Sie sich einem Autofahren ohne Angst nähern, ist es wichtig, sich zu vergewissern, dass Sie Menschen um sich herum haben, die Ihr Projekt unterstützen. Denn mit einem Rückhalt aus Ihrem Umfeld wird es Ihnen leichter fallen, Ihre Sache durchzuziehen. Sonst hieße es nämlich, es im Prinzip allein zu meistern. Aber als soziales Wesen, das wir Menschen nun mal sind, tendieren wir dazu, Dinge gemeinsam zu meistern. Überlegen Sie einmal, wen Sie mit Sicherheit auf Ihrer Seite haben. Das sind Menschen, die wohlwollend und unterstützend sind. Familienmitglieder und Freunde, die wirklich wollen, dass Sie es schaffen. Und die Ihnen grundsätzlich zutrauen, eines Tages selbstständig und allein ein Auto fahren zu können. Denn es fällt auf, dass Menschen, die sich nicht trauen, etwas zu tun, häufig Menschen um sich haben, die genau diese Haltung und Stimmung auch noch fördern.

Gerade in Bezug auf die Ängste vor dem Autofahren ist es wichtig, diese offen zugeben zu können. Das geht natürlich nur bei den Personen, die damit entsprechend freundlich und hilfsbereit umgehen. Müssen Sie dagegen aber Ihre Angst und gleichzeitig die damit zusammenhängenden Folgen wie beispielsweise das Schwitzen oder

Zittern vor anderen verbergen, dann belasten Sie sich doppelt: Die Angst selbst und nun noch das Verbergen kostet doppelte Kraft, die Sie eigentlich für das Lernen, die Konzentration und die notwendige Aufmerksamkeit zur Verfügung haben sollten. Je ehrlicher Sie sein können, umso mehr kann sich Ihre Umgebung auch darauf einstellen. Ängstliche Reaktionen beim Fahren kommen dann auch für die anderen nicht überraschend und sie können leichter helfen. Es geht also vor allem darum, dass sich alle Beteiligten auf mögliche Schwierigkeiten einstellen können. Anhand einiger wichtiger Personen möchte ich auf ein paar Dinge aufmerksam machen.

Ihr Fahrlehrer

Einen Menschen gab es definitiv eine Zeit lang an Ihrer Seite: Ihren Fahrlehrer. Oder es gibt ihn aktuell noch, weil Sie gerade in der Ausbildung sind. Sie wünschen sich für die Ausbildung einen netten, sympathischen Menschen? Natürlich – warum denn nicht! Schließlich verbringen Sie in Ihrer Freizeit freiwillig Ihre Zeit in seinem Fahrschulauto. Und Sie wollen sich völlig unbekannten Situationen mit seiner Hilfe nähern und sie Stück für Stück bewältigen. Da hilft es nun wirklich nicht, wenn er ungeduldig, unaufmerksam, unfreundlich und unhöflich wäre. Achten Sie daher in den ersten Fahrstunden also darauf, ob die Chemie zwischen Ihnen stimmt und Sie das Gefühl haben, dass der Fahrlehrer seine Arbeit gern macht. Dann wird er Sie wie ein erfahrener Sporttrainer begleiten. Er wird Ihnen ruhig neue Dinge erklären, Sie ausprobieren lassen, auf Fehler hinweisen und auf Ihre Fragen eingehen. Zu Ihren Fragen kann es auch gehören, wie Sie zusammen mit Ihrer Angst umgehen. Erklären Sie ihm beispielsweise, dass Sie bei großer Aufregung eine kurze Unterbrechung für eine Atemübung zur Entspannung brauchen. Wenn er auf Ihrer Seite steht, wird er dafür Verständnis zeigen und ab und zu sogar von sich aus darauf hinweisen: „Sollen wir kurz anhalten, damit Sie etwas ruhiger werden können?" Tut er all diese Dinge nicht und haben Sie das Gefühl, dass er das alles lächerlich findet, dann wechseln Sie den Fahrlehrer und eventuell auch die Fahrschule. Im Serviceteil finden Sie Hilfestellungen für die Wahl einer guten Fahrschule.

Abb. 6: Achten Sie bereits bei der Auswahl der Fahrschule auf einen sympathischen Fahrlehrer

Ihr Fahrlehrer hat noch einen hilfreichen Vorteil. Er ist es gewohnt, Fahranfänger auf dem Fahrersitz zu haben. Daher kennt er typische Anfängerfehler. Und damit er helfen kann, hat er eigene Rückspiegel und vor allem auch eigene Pedale in seinem Fußraum. Wie auch immer Sie sich verhalten – er kann sich korrigierend einmischen. Das ist gut so. Die Verantwortung liegt damit nämlich bei Ihnen beiden. Vor allem, wenn Ihnen die Momente im Straßenverkehr so unübersichtlich erscheinen, dann behält Ihr Fahrlehrer mit seinen erfahrenen Augen alles im Blick. Und das bedeutet eigentlich, dass Sie beide gemeinsam fahren.

Der Prüfer

Nur für einen ganz kurzen Augenblick tritt dieser Mensch in Ihr Leben. Und da ist das Gefühl, dass der Führerschein allein von diesem Moment abhängig ist. Natürlich spielt der Prüfer eine entscheidende Rolle, denn er bestimmt mit seiner Art und seinem Verhalten die Atmosphäre vor, während und nach der Prüfung. Die Autoren Frank Müller und Hans-Joachim Ruhr fassen die Bedenken der Fahrschüler mit drei befürchteten Prüfertypen gut zusammen:

- Der Beobachter: Er mustert jeden Handgriff, schaut unentwegt und mit ernster Miene auf den Prüfling, aber niemals einfach nur so aus dem Fenster. Er macht ständig Notizen und hält dabei vor allem die

Fehler fest. Er wirkt so bedrohlich, gerade weil er nichts sagt, aber ständig guckt.

- Der Antreiber: Er mischt sich mit direkten Bemerkungen in den Fahrstil des Prüflings ein. Man solle doch die anderen nicht aufhalten, nicht ewig die Fahrspur blockieren. „Nun geben Sie doch endlich mal ein bisschen Gas!"
- Der Fehlervorhalter: Er kommentiert unmittelbar das Fahrverhalten des Prüflings und macht fast zu jeder Situation eine negative Bemerkung. „Na, so wird das doch nichts." Oder „An Ihrer Stelle würde ich gefälligst früher blinken."

Solche Prüfer mag es geben, doch der größte Teil der Befürchtungen spielt sich wieder in Ihrem Kopf ab. Natürlich muss der Prüfer Sie beobachten. Genau das ist seine Aufgabe. Wenn er dabei nicht sehr freundlich aussieht und sich Dinge notiert, dann sind das aber nicht automatisch Fehler. Denn er muss den Prüfungsverlauf protokollieren. Vielleicht übt er seinen Beruf aber auch nicht besonders gern aus oder hat auch mal einen schlechten Tag. Auch das könnte eine Erklärung für seine Haltung sein. Der Antreiber und der Fehlervorhalter verhalten sich tatsächlich ungünstig, weil sie mit derartigen Bemerkungen zusätzlich verunsichern. Aber auch sie existieren mehr in der Fantasie der Prüflinge als in Wirklichkeit. Fragen Sie Ihren Fahrlehrer ruhig danach, wie sich der Prüfer normalerweise verhält. Wenn Sie schon vorher eine ungefähre Vorstellung haben, dann kann man Sie nicht mehr so leicht überraschen. Und als bisher ängstlicher Fahrer besprechen Sie auch mit Ihrem Fahrlehrer, ob und wie Sie den Prüfer einweihen, damit auch er sich besser darauf einstellen kann. So kann die Prüfung eher eine Art Zusammenarbeit sein, bei der alle Beteiligten nur ein Ziel haben: dass Sie bestehen.

Partner, Familienmitglieder, Freunde oder Nachbarn

Wenn Sie bereits einen Führerschein haben, werden auch diese ganz vertrauten Personen immer mal neben oder hinter Ihnen sitzen können. Grundsätzlich ist vorher schon zu bedenken, dass diese Personen möglicherweise älter sind als Sie. Dann haben sie wahrscheinlich die Fahrstunden und die Prüfung unter anderen Bedingungen abgelegt. Sie wenden dann meistens auch noch die älteren Verkehrsregeln an, ohne die aktuell geltenden Regeln genau zu kennen. Und der Ablauf einer Prüfung kann sich inzwischen auch grundlegend verändert haben. Haben Sie ruhig ein gesundes Misstrauen, wenn Sie gut gemeinte Ratschläge bekommen, aber selber der Meinung sind, es anders zu wissen. Vertrauen Sie Ihrem spontanen Eindruck und fragen Sie später am besten bei Ihrem Fahrlehrer nach. Oder überprüfen Sie Ihr Wissen mit einem schriftlichen Ratgeber oder den im Serviceteil im Kapitel 4 beschriebenen Apps und dem Online-Tool. Doch es gibt nicht nur diese Beifahrer, die meinen, alles besser zu wissen. Und damit die Angst vor solchen kritischen Beifahrern. Es sind vor allem die Nörgler, denen man es scheinbar nie recht machen kann. Eben fährt man zu langsam, im nächsten Moment angeblich zu schnell. Sie sind eher ungeduldig, wissen alles besser und haben ja vielleicht auch schon eine längere Fahrerfahrung. Das alles berechtigt aber nicht, Sie mit Ihrem Fahrstil laufend zu kritisieren. Oder noch schlimmer: sich über Sie lustig zu machen. Langfristig setzt das dem Selbstbewusstsein zu: Sie werden immer zögerlicher, ängstlicher und haben immer weniger Zutrauen in Ihren Fahrstil.

Geben Sie stattdessen Ihren Mitfahrern klare Anweisungen, wie Sie sich einen hilfreichen Beifahrer wünschen: nicht ablenken, nicht stören und nicht alles kommentieren. Wehren Sie sich! Vermeiden Sie deshalb nicht das Autofahren selbst, sondern meiden Sie diese Beifahrer.

WISSEN

Begleitetes Fahren ab 17 (BF17)

Beim Begleiteten Fahren ist es ähnlich wie mit Ihrem Fahrlehrer. Obwohl Sie bereits die Fahrprüfung erfolgreich abgelegt haben, dürfen Sie bis zu Ihrem 18. Geburtstag noch nicht alleine fahren. Eine oder auch mehrere Personen Ihrer Wahl werden in dieser Zeit – fast wie zuvor der Fahrlehrer – neben Ihnen sitzen.

Beifahrer

Es gibt offizielle Auflagen, wer diese Personen sein dürfen (siehe Serviceteil). Aber ich empfehle Ihnen noch eine ganz persönliche „Auflage" für die Person Ihrer Wahl: Sie sollte ein geduldiger Beifahrer sein. Stehen nur ewig gestresste oder nur unangenehme Begleitfahrer zur Verfügung, dann ist diese Methode wenig vielversprechend. Damit Ihr neuer Beifahrer für Sie wirklich hilfreich ist, sprechen Sie vorher am besten ab, ob und wie eine Rückmeldung erfolgen sollte. Niemand sollte Ihnen nämlich ins Fahren einfach „reinquatschen" – außer, Sie haben das so festgelegt. Dann wäre die Aufgabe für den Beifahrer: „Sag mir immer gleich, wenn ich nicht ganz richtig fahre." Oder aber Sie möchten lieber eine Fahrt bis zum Ende machen und erst im Anschluss – vielleicht sogar außerhalb des Autos – Tipps und Verbesserungsvorschläge bekommen. Ausführliche Informationen zum Thema „Begleitetes Fahren" finden Sie im Serviceteil im Kapitel 6.

Und Sie selbst?

Als letzte der Personen, die Sie bei Ihrem Plan unterstützen können, möchte ich noch, dass Sie einen Blick auf sich selbst werfen. Gehen Sie eigentlich eher wertschätzend mit sich um oder sind Sie selbst Ihr größter Kritiker? Das können Sie mit folgender Frage überprüfen: Kennen Sie auch das **„Ja, aber-Spiel"**? Dabei geht es um die eigene, spontane Reaktion auf Lob und positive Rückmeldung. Stellen Sie sich folgende Situation vor:

Nach dem gelungenen Versuch, einzuparken – noch nicht endgültig sicher und flüssig, aber geschafft – bemerkt Ihr Fahrlehrer „Das wird immer besser, bald läuft es rund." Wie reagieren Sie innerlich darauf? Können Sie sich einfach nur über das Lob freuen? Oder antworten Sie vielleicht folgendermaßen darauf: „Ja, es geht schon etwas besser, aber ich schleife ja immer noch mit den Reifen am Kantstein entlang."? Mit Ihrer Einschränkung des Kompliments machen Sie den eigentlichen positiven Fortschritt kleiner. Mit einem schärferen „Aber" kann man ein Lob sogar völlig kaputtmachen. Das Wichtige dabei ist die Tatsache, dass Sie selbst diese Argumente liefern. Es ist also ein Ausdruck Ihrer eigenen Haltung. Manchmal versuchen die anderen sogar, etwas dagegenzuhalten: „Nein, es klappt wirklich viel besser!!" Doch Sie zweifeln weiter und können den kleinen Erfolg nicht so stehen lassen.

Daneben gibt es noch ein anderes typisches Muster, hinter dem eine gehörige Portion von Selbstkritik steckt. Dabei werden Aussagen getroffen, die angeblich die Meinung der anderen sind:

„Ich halte den Verkehr total auf – die anderen sind sicher total genervt!"

Oder:

„Was denken die denn, wenn ich jetzt zum dritten Mal versuche, richtig in die Parklücke zu kommen."

Oder:

„Die merken doch gleich, dass ich meinen Führerschein ganz frisch habe."

In Wirklichkeit schaut man auf sich wie durch die Augen der anderen. Doch derjenige, der da schaut, sind ja Sie! Und damit ist es Ihre Haltung, die da zum Vorschein kommt. Man könnte sagen: Die anderen wissen doch gar nichts davon. Es passiert nämlich nur in Ihrem Kopf. Und die Meinung, die Sie da den anderen quasi unterstellen, ist Ihre eigene Meinung von sich selbst. Leider natürlich eine sehr kritische Meinung.

Es wäre gut, wenn es Ihnen gelingt, die kleinen Schritte, die Sie in die richtige Richtung machen, auch zu würdigen. Sie könnten nach jeder Fahrstunde in Ihrer Ausbildung oder nach jeder Autofahrt mit Führerschein folgende kleine Übung machen:

Wenn eine Fahrt vorbei ist, dann könnte es sein, dass Sie bisher nur alle Fehler sehen und innerlich auflisten. Versuchen Sie stattdessen, als Schüler die Frage zu beantworten „Was lief in meiner Fahrstunde heute ganz gut?" Oder als Führerscheinbesitzer „Was lief bei dieser Autofahrt heute ganz gut?" Schreiben Sie die gelungenen Sachen auf und halten Sie die positiven „Beweise" damit fest. Hängen Sie kein „Ja, aber" mehr dran. Bauen Sie so auf Ihren kleinen Erfolgen auf. Mit dieser Übung können Sie Stück für Stück dafür sorgen, dass Sie selbst sich unterstützen, weil Sie an Ihre kleinen Fortschritte glauben. Und diese damit würdigen.

2 Angstsituationen mit der „Ich fahre-das Auto-im Verkehr-Methode" meistern

Sie haben bisher etwas über die unterschiedlichsten Angstsituationen erfahren und sich dabei in der einen oder anderen Situation sicher wiedergefunden. Damit Sie Ihre Angst verändern können, haben Sie viel Wissenswertes über Angst kennengelernt. Dazu gehört vor allem auch die „Ich fahre-das Auto-im Verkehr-Methode".

In diesem Kapitel greife ich nun die Angstsituationen wieder auf und wende meine Methode darauf an. Dafür nenne ich jedes Mal typische angstauslösende Gedanken und Einstellungen, die sich auf den Fahrer, das Auto oder den Verkehr beziehen können. Diese werden in unterstützende und damit angstreduzierende Gedanken und Einstellungen umformuliert. Wie das funktioniert und die vier dabei zu beachtenden Regeln haben Sie bereits in Teil 2, Kapitel 2 kennengelernt. Sollte bei angstauslösenden Gedanken und Einstellungen möglicherweise Sachwissen und Können hilfreich sein, dann wird dies an der passenden Stelle angeführt oder Tipps für ein gezieltes Training gegeben. So sollte jemand, der Angst vor dem Durchfallen hat, beispielsweise wissen, wie man effektiv lernt. Aber auch, was man ganz formal als nächsten Schritt tun kann, wenn der Fall tatsächlich eingetreten ist – beispielsweise wann man den nächsten Prüfungsversuch hat. Und zu guter Letzt gibt es auch noch ganz praktisch gesehen konkrete Tipps, wie man die Theorie am besten übt.

WISSEN

Gut geplant heißt weniger Stress

Achten Sie darauf, dass das gesamte Vorhaben möglichst ohne Stress abläuft. Denn ungünstig für alle Lernsituationen ist zeitlicher oder inhaltlicher Stress:

„Ich brauche den Führerschein unbedingt für meinen Job, bis Ende des Monats, an meinem Geburtstag" etc. Dagegen ist beispielsweise „Begleitetes Fahren" gut, weil man vorher in Ruhe anfangen kann. Planen Sie den Führerschein daher rechtzeitig und sorgen Sie insgesamt für eine stressfreie Zeitplanung. Dabei kann es durchaus motivierend sein, wenn es ein Ziel gibt, wie beispielsweise den Geburtstag. Es darf eben nur nicht drängen.

2.1 Angstsituationen meistern: von der ersten Fahrstunde bis zur bestandenen Prüfung

SITUATIONEN

Die erste Fahrstunde

Wenn die erste Fahrstunde immer wieder hinausgezögert wird, dann kann dies mit ganz unterschiedlichen Gedanken und Einstellungen zusammenhängen.

Schritt 1:
Welche Situation soll verändert werden?

Diesen Schritt haben wir bereits gemacht, denn es geht hier ja um die erste Fahrstunde.

Schritt 2:
Den angstauslösenden Gedanken oder die Einstellung finden

Gehen Sie auf die Suche nach den Gedanken oder der negativen Einstellung, die die Angst auslösen. Ein paar typische Beispiele sollen Ihnen die Suche erleichtern:

„Morgen geht's los! Puh, hoffentlich stell ich mich nicht so blöd an!"

„Beim bloßen Gedanken daran, dass ich fahren soll, fühle ich mich schon schlecht.“

„Ich habe Angst vor unübersichtlichen Situationen im Straßenverkehr.“

„Das ist doch peinlich, wenn der Fahrlehrer mir was zeigt und ich begreife das nicht gleich.“

Schritt 3:
Welcher Teil wird angesprochen?

Das letzte Beispiel soll nun bearbeitet werden:

„Das ist doch peinlich, wenn der Fahrlehrer mir was zeigt und ich begreife das nicht gleich.“

Angesprochen wird bei diesem Gedanken der Teil „Verkehr“, denn hier ist es der Fahrlehrer, der den Fahrer wie andere Autofahrer oder sonstige Verkehrsteilnehmer beobachtet. Und auch noch der „Fahrer“ selbst mit seinen Fähigkeiten, weil er etwas vielleicht nicht gleich begreift.

Schritt 4:
Den negativen Gedanken oder die Einstellung umwandeln

In dem neuen Gedanken soll nun vorkommen, dass so etwas gar nicht peinlich sein braucht. Beim Lernen neuer Dinge kann es vorkommen, dass man nicht alles auf Anhieb versteht. Das ist normal. Mein Vorschlag für eine Umwandlung dieses negativen Gedanken lautet:

„Der Fahrlehrer ist dazu da, mir neue Dinge zu zeigen. Ich lasse mir genügend Zeit, es zu begreifen und frage sonst nach, damit er es mir noch mal erklärt.“

Schritt 5:
Eine Karteikarte für den umgewandelten Gedanken anlegen

Legen Sie nun eine eigene Karteikarte für den bearbeiteten Gedanken an, indem Sie auf die eine Seite den alten, angstauslösenden Gedanken schreiben. Auf die Rückseite schreiben Sie den neuen, positiven Gedanken.

Schritt 6: Wird Wissen oder Training benötigt?

Machen Sie sich klar, dass Sie in der ersten Stunde natürlich ein Anfänger sind und es auch sein dürfen. Es wäre ja seltsam, wenn Sie schon fahren könnten. Für alles, was geschieht, heißt das: Neben Ihnen sitzt der Fahrlehrer, der aufpasst – Sie fahren quasi gemeinsam. Und das Fahrschulschild signalisiert allen anderen Verkehrsteilnehmern, dass da jemand wahrscheinlich langsamer und vorsichtiger fährt.

Schritt 7:
Wo passt eine Entspannungsübung hin?

Ein guter Moment für eine Entspannungsübung ist während des Wartens auf den Beginn der Fahrstunde, also bevor Sie überhaupt im Auto sitzen. Eine weitere Möglichkeit bietet sich an, wenn Sie den Fahrersitz und die Spiegel eingestellt haben. Sagen Sie Ihrem Fahrlehrer, dass Sie ein paar Sekunden Ruhe möchten, bevor er mit dem Unterricht beginnt.

SITUATIONEN

Während der Fahrausbildung

Schritt 1:
Welche Situation soll verändert werden?

Diesen Schritt haben wir bereits gemacht, denn es geht hier ja grundsätzlich um den Unterricht.

Schritt 2:
Den angstauslösenden Gedanken oder die Einstellung finden

Gehen Sie auf die Suche nach den Gedanken oder der negativen Einstellung, die die Angst auslösen. Ein paar typische Beispiele sollen Ihnen die Suche erleichtern:

„Der Fahrlehrer hat gesagt, dass wir das Anfahren noch mal mehr üben müssen, denn das klappt noch nicht sicher genug."

„Hoffentlich kommt heute nicht schon wieder etwas Neues."

„Ja, das mit dem Kuppeln, Schalten und Blinken bekomme ich inzwischen ganz gut hin. Aber mir graut jetzt schon vor den besonderen Fahrten – ich auf der Autobahn, auf der Landstraße oder im Dunkeln – das wird doch nichts!"

Schritt 3:
Welcher Teil wird angesprochen?

Bei dem angstauslösenden Gedanken „Der Fahrlehrer hat gesagt, dass wir das Anfahren noch mal mehr üben müssen, denn das klappt noch nicht sicher genug." steht das Auto im Mittelpunkt der Aufmerksamkeit, nämlich der Umgang mit den Pedalen und das Anfahren, ohne den Motor abzuwürgen.

Schritt 4:
Den negativen Gedanken oder die Einstellung umwandeln

Bei dem neuen Gedanken muss es vor allem darum gehen, dass es o.k. ist, wenn man übt. Zum Üben kann es gehören, dass andere uns etwas erklären. Mein Vorschlag für eine Umwandlung dieses negativen Gedanken lautet: „Ich nehme mir noch etwas mehr Zeit zum Üben, damit das Anfahren besser klappt.“

Schritt 5:
Eine Karteikarte für den umgewandelten Gedanken anlegen

Legen Sie nun eine eigene Karteikarte für den bearbeiteten Gedanken an, indem Sie auf die eine Seite den alten, angstauslösenden Gedanken schreiben. Auf die Rückseite schreiben Sie den neuen, positiven Gedanken.

Schritt 6:
Wird Wissen oder Training benötigt?

- **Training:** Lassen Sie sich den Ablauf beim Anfahren ruhig noch einmal erklären und bitten Sie Ihren Fahrlehrer, für das Training einen Platz auszusuchen, wo Sie nicht beobachtet werden und auch niemanden behindern. Sie nehmen sich damit den Stress, wie Sie ihn vielleicht von der roten Ampel kennen. Trainieren Sie besser in ruhiger Umgebung.
- **Wissen:** Lässt sich der ganze Aufwand mit Kuppeln und Schalten nicht einfach umgehen, wenn man einen Wagen mit Automatik nimmt? Dazu ein paar Worte in der folgenden Box:

WISSEN

Besser Automatik fahren statt Gangschaltung?

Gerade Fahranfänger finden es anstrengend, der Gangschaltung so viel Aufmerksamkeit zu widmen. Schließlich muss man erst einmal ein Gefühl für die Pedale und das gleichzeitige Schalten entwickeln. Mit einer Automatik fällt die Kupplung weg. Tatsächlich wird es dadurch insgesamt entspannter. Doch kann das auch eine Vermeidungsstrategie sein! Wenn Sie im Fahrunterricht nicht das Schaltgetriebe kennenlernen und nur mit der Automatik lernen und auch die Prüfung damit ablegen, sind Sie für immer auf Automatikgetriebe festgelegt. Damit dürften Sie auch nicht den Wagen von Freunden fahren, z.B. um zu helfen oder beim Abwechseln bei längeren Fahrten. Und es gibt zusätzlich noch ein paar technische Nachteile: Ein Automatik-Auto ist in der Anschaffung teurer, hat einen etwas höheren Verbrauch und im Notfall ist kein Abschleppen möglich.

Da während der Ausbildung immer wieder neue Teile gelernt werden müssen, möchte ich Ihnen zeigen, dass das mit einer gewissen Systematik geschieht:

WISSEN

Typischer Ablauf des Fahrunterrichts

- Grundstufe
- Ausbaustufe
- Leistungsstufe

Es ist wichtig zu wissen, dass die einzelnen Fahrstunden sinnvoll aufeinander aufbauen und Sie nicht gleich von der ersten Stunde an im normalen Verkehr mitfahren sollen. Schließlich kennen Sie ja noch gar nicht die Technik des Autos, des Anfahrens und Bremsens. Deshalb gibt es eine Grundstufe, eine Ausbaustufe, eine Leistungsstufe und die Sonderfahrten, eine Reifestufe und dann die gezielte Prüfungsvorbereitung.

Grundstufe

In der Grundstufe erklärt Ihr Fahrlehrer die Funktions- und Kontrolleinrichtungen des Fahrzeugs und Sie probieren das Anfahren, zu bremsen und lernen die Lenkung kennen. Im ruhigen Verkehr, also eher in wenig befahrenen Nebenstraßen, findet die Ausbaustufe statt. Die sogenannten Grundfahrübungen wie etwa Rückwärtsfahren, Wenden und Einparken (Motorrad: Slalom, Kreis- und Achtfahren, Hindernis ausweichen) stehen neben Blinken mit Abbiegen im Vordergrund. Nun müssen aber auch Verkehrszeichen und Vorfahrtsregeln und natürlich auch andere Verkehrsteilnehmer beachtet werden, da das eigentliche Autofahren schon erste Übungserfolge zeigt. Dafür nutzt der Fahrlehrer die Leistungsstufe. Sie sind nun nämlich nicht mehr nur mit sich und dem Fahrzeug beschäftigt, sondern können mehr und mehr den Blick auf andere Verkehrsteilnehmer richten, um im Sinne des „voraus-

Ausbaustufe

schauenden Fahrens" deren vermutliche Reaktion richtig einzuschätzen und entsprechend zu reagieren. Vieles war bisher völlig neu für Sie, doch inzwischen treten erste Gewohnheiten auf, so dass in der Reifestufe nun das selbstständige Fahren im Vordergrund steht. Dabei sollen Sie mit den verschiedenen, teils überraschenden Situationen im Verkehr zunehmend sicherer werden. Spätestens jetzt – falls nicht schon vorher hier und da eingeflochten – wird Ihr Fahrlehrer die verschiedenen Sonderfahrten unterbringen. Dazu gehören das Fahren auf der Autobahn oder bei Dunkelheit sowie das Fahren über Land. Die letzten Fahrstunden werden für eine gezielte Prüfungsvorbereitung genutzt, denn der Fahrlehrer kann inzwischen beurteilen, ob Ihre Fähigkeiten ausreichen, um die praktische Prüfung zu bestehen. Ideal ist es, wenn der Fahrlehrer dabei die Anweisungen genauso gibt, wie es ein Prüfer tun würde, so dass man damit den „Ernstfall" probt.

Schritt 7:
Wo passt eine Entspannungsübung hin?

Ein guter Zeitpunkt für die Entspannung ist immer der Moment, wo Sie irgendwo sitzen und über die bevorstehenden Fahrstunden nachdenken. Kombinieren Sie dort den hergestellten entspannten Zustand mit dem bewussten Erinnern der umgewandelten, positiven Gedanken. Die Karteikarten unterstützen Sie dabei.

SITUATIONEN

Die Führerscheinprüfung

Schritt 1:
Welche Situation soll verändert werden?

Diesen Schritt haben wir bereits gemacht, denn es geht an dieser Stelle um die beiden Prüfungsteile: die theoretische und die praktische Prüfung.

Schritt 2:
Den angstauslösenden Gedanken oder die Einstellung finden

Gehen Sie auf die Suche nach den Gedanken oder der negativen Einstellung, die die Angst auslösen. Ein paar typische Beispiele sollen Ihnen die Suche erleichtern:

„Beim Beantworten der Fragen am PC brauche ich immer viel länger als die anderen."

„Nur ein kleiner Fehler und ich kann alles vergessen."

„Ich werde die Anweisungen des Prüfers sicher nicht richtig verstehen."

„Wenn ich einen Fehler mache und der Prüfer das natürlich merkt – was dann?"

Schritt 3:
Welcher Teil wird angesprochen?

Bei dem angstauslösenden Gedanken „Beim Beantworten der Fragen am PC brauche ich immer viel länger als die anderen." werden der Fahrer angesprochen, der zu langsam arbeitet, und der Verkehr – hier in Form der anderen Prüflinge. Die sind natürlich nicht im eigentlichen Sinne Verkehrsteilnehmer, aber immerhin andere Autofahrer, mit denen man sich vergleicht.

Schritt 4:
Den negativen Gedanken oder die Einstellung umwandeln

Bei dem neuen Gedanken muss es vor allem darum gehen, wie viel Zeit man hat und dass der Vergleich mit den anderen unpassend ist. Mein Vorschlag für eine Umwandlung dieses negativen Gedanken lautet: „Für die Fragen am PC hat man genügend Zeit. Es ist egal, wie lange andere brauchen – ich beantworte alles ganz in Ruhe."

Schritt 5:
Eine Karteikarte für den umgewandelten Gedanken anlegen

Legen Sie nun eine eigene Karteikarte für den bearbeiteten Gedanken an, indem Sie auf die eine Seite den alten, angstauslösenden Gedanken schreiben. Auf die Rückseite schreiben Sie den neuen, positiven Gedanken.

Schritt 6:
Wird Wissen oder Training benötigt?

- **Wissen:** In diesem Abschnitt soll ausreichend Wissen über die tatsächlichen Rahmenbedingungen der Prüfungen vermittelt und daraus ideale Prüfungsvorbereitungen abgeleitet werden. Außerdem finden Sie eine genaue Schilderung, warum man durchfallen kann und wie es dann weitergehen könnte.
- **Training:** Wie und womit bereitet man sich optimal auf die Prüfungsteile vor?

Da Wissens- und Trainingstipps etwas ausführlicher beschrieben werden sollen, finden Sie die Informationen dazu im Serviceteil in den Kap. 3 bis 5.

Schritt 7:
Wo passt eine Entspannungsübung hin?
Vor beiden Teilen, während Sie auf die eigentliche Prüfung warten, können Sie sich gezielt mit einer Entspannungsübung beruhigen. Sollte während der theoretischen Prüfung am PC die Aufregung plötzlich ansteigen, beispielsweise weil Sie eine Frage lesen, die Sie überhaupt nicht verstehen, dann haben Sie genügend Zeit, eine kurze Unterbrechung einzulegen und die Entspannungsübung einzusetzen. Machen Sie dann erst weiter. Wenn Sie mit Ihrem Fahrlehrer und dem Prüfer abgesprochen haben, dass Sie bei starker Nervosität die Prüfung kurz unterbrechen dürfen, dann sagen Sie ruhig, dass Sie dabei am Steuer sitzen bleiben und nur kurz eine Entspannungsübung machen.

SITUATIONEN

Durchgefallen – alles noch mal von vorn?

Das ist die gute Nachricht: Sie fangen eben nicht wieder „bei Null“ an. Sie können auf allen Dingen, die Sie bisher gelernt haben, aufbauen. Mit Hilfe Ihres Fahrlehrers sollten Sie das Ergebnis der Prüfung analysieren. Finden Sie dabei Ihre Schwachstellen, um an diesen gezielt zu arbeiten.

Schritt 1:
Welche Situation soll verändert werden?
Diesen Schritt haben wir bereits gemacht, denn es geht darum, dass Sie durchgefallen sind und vielleicht noch unsicherer und ängstlicher sind als vorher. Sie zögern vielleicht noch, ob Sie es ein weiteres Mal probieren wollen. Doch gleichzeitig ist immer noch der Wunsch da, den Führerschein zu besitzen. Deshalb macht es Sinn, das Durchfallen nicht ausschließlich als Scheitern zu betrachten.

Schritt 2:
Den angstauslösenden Gedanken oder die Einstellung finden
Gehen Sie auf die Suche nach den Gedanken oder der negativen Einstellung, die die Angst auslösen. Ein paar typische Beispiele sollen Ihnen die Suche erleichtern:

„Ich hab wieder nur Fehler gemacht, ich fahr wie ein Anfänger!"

„Ich hab's doch gewusst – ich bin kein Prüfungstyp."

„Gestern wusste ich noch alles, heute ist es wie total gelöscht."

Schritt 3:
Welcher Teil wird angesprochen?

Mit dem angstauslösenden Gedanken „Ich hab wieder nur Fehler gemacht, ich fahr wie ein Anfänger!" wird ausschließlich der Fahrer angesprochen, der scheinbar nichts gelernt hat.

Schritt 4:
Den negativen Gedanken oder die Einstellung umwandeln

Nutzen Sie Ihren Fahrlehrer und das Prüfungsprotokoll für die Frage „Was lief in der Prüfung heute ganz gut und woran müssen wir noch arbeiten?"

Mein Vorschlag für eine Umwandlung dieses negativen Gedanken lautet daher: „Ich fahre besser als am Anfang. Ich habe vieles richtig, aber ein paar Dinge auch falsch gemacht. An diesen will ich gezielt arbeiten."

Schritt 5:
Eine Karteikarte für den umgewandelten Gedanken anlegen

Legen Sie nun eine eigene Karteikarte für den bearbeiteten Gedanken an, indem Sie auf die eine Seite den alten, angstauslösenden Gedanken schreiben. Auf die Rückseite schreiben Sie den neuen, positiven Gedanken.

Schritt 6:
Wird Wissen oder Training benötigt?

- **Wissen:** Wenn Sie die Theorie nicht bestanden haben, dann müssen Sie Ihr Wissen noch erweitern und dabei unbedingt so lernen, dass es Ihnen am Prüfungs-PC auch zur Verfügung steht. Falls Sie bisher noch nicht mit einer Übungs-App oder etwas Ähnlichem gelernt und geübt haben, dann sollten Sie jetzt eine der im Serviceteil empfohlenen Methoden nutzen.
- **Training:** Man kann davon ausgehen, dass Sie zum Zeitpunkt der Prüfung über das notwendige Wissen für die Prüfungsfahrt verfügten. Eher die Übung könnte noch zu kurz gekommen sein. Sie wissen beispielsweise, wie man einparkt. Dennoch gestaltet es sich

häufig für Sie ganz mühsam? Mit einer neuen – positiven und daher hilfreichen – Einstellung macht es Sinn, an so einer Stelle mit dem Fahrlehrer gezielt zu üben.

Schritt 7:
Wo passt eine Entspannungsübung hin?

Vor jeder weiteren Fahrstunde, die Sie nach der nicht bestandenen Prüfung machen, sollten Sie für einen entspannten Zustand sorgen. Ein weiterer wichtiger Moment sind alle kritischen Situationen, die Sie gezielt üben. Durch die schlechte Erfahrung in der Prüfung wartet das Gehirn quasi auf das nächste Mal und ist eher aufgeregt. Signalisieren mit der Entspannung, dass es in Ordnung ist, ruhiger an die Sache zu gehen.

2.2 Angstsituationen meistern: alleine Fahren

SITUATIONEN

Alleine Fahren

Schritt 1:
Welche Situation soll verändert werden?

Diesen Schritt haben wir bereits gemacht, denn es geht darum, dass Sie sich im Besitz des Führerscheins trotzdem nicht trauen, allein zu fahren. Oder dies nur mit sehr viel Aufregung und Angst schaffen.

Schritt 2:
Den angstauslösenden Gedanken oder die Einstellung finden

Gehen Sie auf die Suche nach den Gedanken oder der negativen Einstellung, die die Angst auslösen. Ein paar typische Beispiele sollen Ihnen die Suche erleichtern:

„Diese viele Technik zu benutzen, ist mir einfach zu viel – bei manchen Sachen weiß ich noch nicht mal, wie das funktioniert."

„Obwohl ich bremse, braucht das Auto ewig, bis es zum Stehen kommt."

„Allein am Steuer bin ich auch für alles selbst verantwortlich. Das ist einfach zu viel für mich."

Schritt 3:
Welcher Teil wird angesprochen?

Bei dem angstauslösenden Gedanken „Diese viele Technik zu benutzen, ist mir einfach zu viel – bei manchen Sachen weiß ich noch nicht mal, wie das funktioniert." werden das Auto und der Fahrer angesprochen.

Schritt 4:
Den negativen Gedanken oder die Einstellung umwandeln

Bei dem neuen Gedanken muss es vor allem darum gehen, dass das Auto zwar die vielen technischen Möglichkeiten anbietet, letztendlich der Fahrer aber entscheidet, was er braucht. Mein Vorschlag für eine Umwandlung dieses negativen Gedanken lautet: „Ich verschaffe mir ein Mal einen Überblick über die Technik und dann beschäftige ich mich nur mit den Dingen, die ich gebrauchen will."

Schritt 5:
Eine Karteikarte für den umgewandelten Gedanken anlegen

Legen Sie eine eigene Karteikarte für den bearbeiteten Gedanken an, indem Sie auf die eine Seite den alten, angstauslösenden Gedanken schreiben. Auf die Rückseite schreiben Sie den neuen, positiven Gedanken.

Schritt 6:
Wird Wissen oder Training benötigt?

- **Wissen:** Lassen Sie sich doch Technisches ruhig mal erläutern – Sie müssen es nicht wirklich verstehen, aber es kann helfen, sich der Technik nicht mehr ausgeliefert zu fühlen. Im nächsten Schritt kommt es darauf an, sich nicht von der Technik bestimmen zu lassen, sondern sie für die eigenen Zwecke zu nutzen. Vieles ist tatsächlich überflüssiger Schnickschnack. Entscheiden Sie deshalb nach dem Motto „Ich nutze nur das, was ich brauche." Übrigens: Im Mitgliedermagazin „Motorwelt" hat der ADAC diese Hilfesysteme „Arbeitslose Assistenten" genannt, denn etwa nur die Hälfte (53 %) der Autofahrer nutzen tatsächlich eine Einparkhilfe und nur wenige mehr (57 %) nutzen den Spurwechselassistenten. Dagegen nutzen das eingebaute Navi (Navigationsgerät) immerhin 97 %! Man sieht, dass die Autofahrer selbst entscheiden, was sie wirklich brauchen.

Assistenzsysteme

- **Training:** Setzen Sie sich immer mal wieder in das geparkte Auto und machen sich mit Knöpfen und Schaltern vertrauter.

Schritt 7:
Wo passt eine Entspannungsübung hin?

Setzen Sie sich in das Auto, um ohne zu Fahren sich den Schaltern, Anzeigen und Hebeln zu widmen. Bevor Sie sich alles anschauen und Ausprobieren, machen Sie eine Entspannungsübung, um die Aufgabe mit einer eher entspannten Haltung zu starten. Wenn Sie währenddessen unruhig werden, unterbrechen Sie kurz die Beschäftigung und bauen erneut eine Entspannungsübung ein.

2.3 Angstsituationen meistern: Wiedereinsteigen nach einer Fahrpause

SITUATIONEN

Wiedereinsteigen nach einer Fahrpause

Eine ganz wichtige Information gleich vorweg, die Sie bedenken sollten:

Wenn Sie vor der Unterbrechung bereits länger gefahren sind und damit eigentlich schon eine gewisse Routine hatten, dann ist das durch die Fahrpause nicht verloren gegangen. Denn unser Gehirn hat eine hilfreiche Eigenschaft: Es kann nicht vergessen. Und das führt dazu, dass Sie ziemlich schnell bemerken, wie das Wissen und die Handgriffe wieder hervorkommen, wenn man sich der Situation erst einmal wieder gestellt hat. Viele kennen das von solchen Dingen wie Skifahren: Obwohl man ein ganzes Jahr nicht auf den Brettern stand, ist nach wenigen Bewegungen alles wieder da, als hätte es keine Pause gegeben. Doch nach einer längeren Pause ist es beim Autofahren wichtig, sich nicht einfach unbedarft ans Steuer zu setzen. Vielleicht hilft eine kleine Auffrischung? In jedem Fall aber sind die angstauslösenden Gedanken und Einstellungen zu bearbeiten.

Schritt 1:
Welche Situation soll verändert werden?

Diesen Schritt haben wir bereits gemacht, denn es geht darum, dass Sie längere Zeit nicht selbst am Steuer saßen und nun wieder beginnen wollen.

Schritt 2:
Den angstauslösenden Gedanken oder die Einstellung finden

Gehen Sie auf die Suche nach den Gedanken oder der negativen Einstellung, die die Angst auslösen. Ein paar typische Beispiele sollen Ihnen die Suche erleichtern:

„Ich hatte so lange kein Auto – ich erinnere mich an nichts mehr."

„Ich bin doch auch ohne Auto gut zurechtgekommen. Ist doch Quatsch, wieder anzufangen."

„Es hat sich doch so viel geändert. Ich bin überhaupt nicht auf dem neuesten Stand."

Schritt 3:
Welcher Teil wird angesprochen?

Bei dem angstauslösenden Gedanken „Ich hatte so lange kein Auto – ich erinnere mich an nichts mehr." werden die Fähigkeiten des Fahrers angesprochen. Die zentrale Skepsis ist, ob man überhaupt noch etwas kann und weiß.

Schritt 4:
Den negativen Gedanken oder die Einstellung umwandeln

Zentraler Punkt bei dem bisherigen Gedanken ist die Skepsis, ob man überhaupt noch irgendetwas kann und weiß. Der neue Gedanke muss also berücksichtigen, dass man die Dinge schon einmal konnte und man sich dem nun wieder nähern möchte. Mein Vorschlag für eine Umwandlung dieses negativen Gedanken lautet: „Ich mache mich zunächst wieder mit den eigentlich bekannten Dingen vertraut und gucke, woran ich mich erinnern kann. Wenn Fragen auftauchen, kümmere ich mich um die Antworten."

Schritt 5:
Eine Karteikarte für den umgewandelten Gedanken anlegen

Legen Sie nun eine eigene Karteikarte für den bearbeiteten Gedanken an, indem Sie auf die eine Seite den alten, angstauslösenden Gedanken schreiben. Auf die Rückseite schreiben Sie den neuen, positiven Gedanken.

Schritt 6:
Wird Wissen oder Training benötigt?

- **Wissen:** Nach einer langen Fahrpause haben sich mit Sicherheit manche Verkehrsregeln geändert. Nutzen Sie eine der im Serviceteil beschriebenen Möglichkeiten, um Ihr Theoriewissen wieder aufzufrischen und zu ergänzen.

- **Training:** Für das Fahren selbst könnten Sie gezielt ein paar Fahrstunden nehmen, um in bestimmten Situationen mehr Sicherheit zu bekommen. So könnten Sie beispielsweise bereits allein im Ort und auf den Landstraßen fahren, aber für das Fahren auf der Autobahn eine oder mehrere Fahrstunden nehmen wollen. Prinzipiell könnten Sie auch eine Fahrstunde mit dem eigenen Auto machen. Brauchen Sie aber mehr Sicherheit, dann ist es sinnvoll, den Fahrschulwagen zu nutzen, da der Fahrlehrer mit seinen Pedalen jederzeit eingreifen kann, wenn es tatsächlich kritisch werden sollte.

Schritt 7:
Wo passt eine Entspannungsübung hin?

Jedes Mal, wenn Sie sich mit der Idee beschäftigen, doch wieder selber zu fahren, sollten Sie unmittelbar vorher Ihre Entspannungsübung machen. Das wäre auch dann sinnvoll, wenn Sie sich nur in den Wagen setzen, um sich mit dem Innenraum vertraut zu machen. Wenn Sie ein paar Fahrstunden nehmen, weiß der Fahrlehrer bereits von Ihrer besonderen Situation. Erzählen Sie ihm auch von der Entspannungsübung und planen Sie mit ihm gemeinsam, wann Sie die Übung machen wollen. Beispielsweise können Sie absprechen, sobald Sie im Auto sitzen und den Sitz und die Spiegel eingestellt haben, die Entspannungsübung zu machen. Und erst dann den Motor zu starten und loszufahren.

2.4 Angstsituationen meistern: Momente der Angst hinter dem Steuer

Es werden nun alle im Teil 1 bereits beschriebenen Momente wieder aufgegriffen, um zu zeigen, wie Sie diese mit den sieben Schritten der „Ich fahre-das Auto-im Verkehr-Methode" bearbeiten können. Sie finden immer mehrere Beispiele für jede Situation und können diese als Hilfe oder Grundlage für die Bearbeitung Ihrer eigenen Momente benutzen. Sie finden auch wieder die Aufteilung der Momente in der Stadt oder Ortschaft, auf der Landstraße und auf der Autobahn.

IN ORTSCHAFTEN

SITUATIONEN IN ORTSCHAFTEN

Der Fahrstreifenwechsel auf mehrspurigen Straßen

Abb. 7:
Auf mehrspurigen Straßen tun sich Fahranfänger beim Spurwechsel regelmäßig schwer.

Schritt 1:
Welche Situation soll verändert werden?

Überlegen Sie, ob Sie diesen Moment der Angst in einer Ortschaft auch kennen.

Schritt 2:
Den angstauslösenden Gedanken oder die Einstellung finden

Gehen Sie auf die Suche nach den Gedanken oder der negativen Einstellung, wodurch die Angst ausgelöst wird. Ein paar typische Beispiele sollen Ihnen die Suche erleichtern:

„Obwohl da eine Lücke ist, traue ich mich nicht auf die andere Spur."

„Die lassen mich immer nicht auf die andere Fahrspur."

Schritt 3:
Welcher Teil wird angesprochen?

„Obwohl da eine Lücke ist, traue ich mich nicht auf die andere Spur.“ → Fahrer/Verkehr

„Die lassen mich immer nicht auf die andere Fahrspur.“ → Verkehr

Schritt 4:
Den negativen Gedanken oder die Einstellung umwandeln

„Wenn ich eine Lücke im Rückspiegel erkenne, blinke ich und zeige so den anderen, dass ich da hinein will. Und dann wechsle ich auch tatsächlich die Spur, wie ich es anzeige.“

„Ich zeige rechtzeitig meinen Wunsch durch Blinken an. Und wenn sich eine Lücke ergibt, lenke ich das Auto leicht zur neuen Spur. Daran erkennen die anderen, dass ich jetzt tatsächlich die Spur wechseln werde und sie können entsprechend reagieren.“

Schritt 5:
Eine Karteikarte für den umgewandelten Gedanken anlegen

Legen Sie eine eigene Karteikarte für den bearbeiteten Gedanken an, indem Sie auf die eine Seite den alten, angstauslösenden Gedanken schreiben. Auf die Rückseite schreiben Sie den neuen, positiven Gedanken.

Schritt 6:
Wird Wissen oder Training benötigt?

- **Wissen:** Machen Sie sich an dieser Stelle klar, dass es mehr rücksichtsvolle Autofahrer als ungeduldige Raser und Drängler gibt. Wenn es eine Lücke gibt und Sie mit dem Blinker anzeigen, dass Sie wechseln wollen, dann stellen sich die anderen Autofahrer darauf ein. Sie sind dabei aktiv, d. h., Sie warten nicht ewig, bis alles frei ist. Stattdessen teilen Sie den anderen Autofahrern mit, was Sie gerade vorhaben. Und halten sich selbst daran.

Schritt 7:
Wo passt eine Entspannungsübung hin?

Da Sie sich im Verkehrsfluss befinden, gibt es keinen länger dauernden Moment für eine Entspannungsübung. Vielmehr sorgen Sie bereits vorher insgesamt für ein entspannteres Fahren, so dass dann bei diesem speziellen Vorhaben die positiven Gedanken und Ihre positive Einstellung vor und während des Fahrstreifenwechsels dazukommen.

Linksabbiegen auf großen Kreuzungen

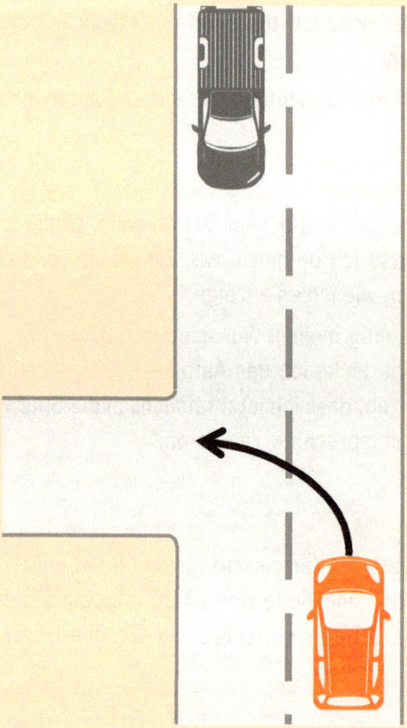

Abb. 8: Linksabbiegen ist für Fahranfänger oft schwierig, besonders dann, wenn sogar Radwege kreuzen oder Fußgänger und Gegenverkehr zu beachten sind.

Schritt 1:
Welche Situation soll verändert werden?

Überlegen Sie, ob Sie diesen Moment der Angst in einer Ortschaft auch kennen.

Schritt 2:
Den angstauslösenden Gedanken oder die Einstellung finden

Gehen Sie auf die Suche nach den Gedanken oder der negativen Einstellung, wodurch die Angst ausgelöst wird. Ein paar typische Beispiele sollen Ihnen die Suche erleichtern:

„Hinter mir warten immer mehr Autos und ich steh hier immer noch wie angewurzelt rum."

„Wenn endlich kein Auto mehr entgegenkommt, dann sind da plötzlich Radfahrer und ich komm wieder nicht weg.“

Schritt 3:
Welcher Teil wird angesprochen?

„Hinter mir warten immer mehr Autos und ich steh hier immer noch wie angewurzelt rum.“ → Verkehr/Fahrer

„Wenn endlich kein Auto mehr entgegenkommt, dann sind da plötzlich Radfahrer und ich komm wieder nicht weg.“ → Verkehr

Schritt 4:
Den negativen Gedanken oder die Einstellung umwandeln

„Ich achte nur auf den Gegenverkehr und warte auf einen freien Moment – dann erst fahre ich los.“

„Man kann erst dann abbiegen, wenn kein Verkehrsteilnehmer mehr von vorne kommt. Manchmal braucht man etwas Geduld.“

Schritt 5:
Eine Karteikarte für den umgewandelten Gedanken anlegen

Legen Sie eine eigene Karteikarte für den bearbeiteten Gedanken an, indem Sie auf die eine Seite den alten, angstauslösenden Gedanken schreiben. Auf die Rückseite schreiben Sie den neuen, positiven Gedanken.

Schritt 6:
Wird Wissen oder Training benötigt?

- **Wissen:** Auch hier ist die eigene Grundhaltung wichtig. Sie stehen nämlich nicht mit Absicht auf der Straße herum, sondern wegen des vielen Gegenverkehrs. Ihre Grundhaltung ist: Sobald es möglich ist, werde ich natürlich losfahren.

Schritt 7:
Wo passt eine Entspannungsübung hin?

Da Sie sich im Verkehrsfluss befinden, gibt es keinen länger dauernden Moment für eine Entspannungsübung. Vielmehr sorgen Sie bereits vorher insgesamt für ein entspannteres Fahren, so dass dann bei diesem speziellen Vorhaben die positiven Gedanken und Ihre positive Einstellung vor und während des Fahrstreifenwechsels dazukommen.

SITUATIONEN IN ORTSCHAFTEN

Einparken auf einer vielbefahrenen Straße

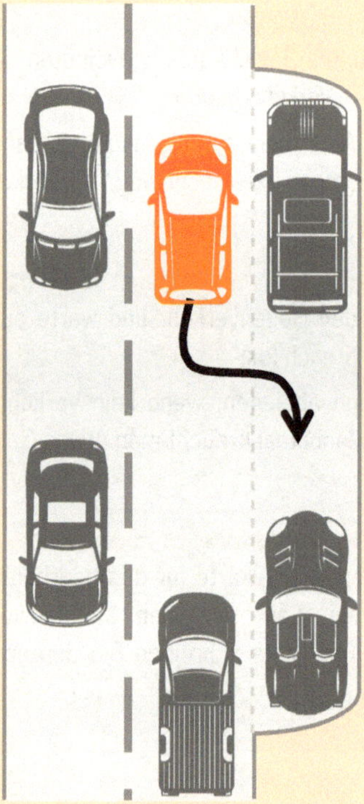

Abb. 9: Das Einparken ist ohnehin schon schwer, ist die Straße auch noch vielbefahren, wird es für Fahranfänger oft zur Tortur.

Schritt 1: Welche Situation soll verändert werden?

Überlegen Sie, ob Sie diesen Moment der Angst in einer Ortschaft auch kennen.

Schritt 2: Den angstauslösenden Gedanken oder die Einstellung finden

Gehen Sie auf die Suche nach den Gedanken oder der negativen Einstellung, wodurch die Angst auslöst wird. Ein paar typische Beispiele sollen Ihnen die Suche erleichtern:

„Ich halte den ganzen Verkehr auf."

„Hoffentlich komm ich auch in die Lücke rein."

„Ich weiß gar nicht, in welche Richtung ich das Lenkrad drehen muss."

„Wo der Bordstein ist oder ob nach vorne oder hinten noch Platz ist, sehe ich gar nicht."

„Ich muss eine größere Lücke finden, wo ich nicht so viel Kurbeln brauche, damit ich endlich von der Straße komme."

Schritt 3: Welcher Teil wird angesprochen?

„Ich halte den ganzen Verkehr auf." → Fahrer/Verkehr

„Hoffentlich komm ich auch in die Lücke rein." → Fahrer

„Ich weiß gar nicht, in welche Richtung ich das Lenkrad drehen muss." → Auto

„Wo der Bordstein ist oder ob nach vorne oder hinten noch Platz ist, sehe ich gar nicht." → Auto

„Ich muss eine größere Lücke finden, wo ich nicht so viel Kurbeln brauche, damit ich endlich von der Straße komme." → Fahrer/Verkehr

Schritt 4: Den negativen Gedanken oder die Einstellung umwandeln

„Ich will einparken. Die anderen müssen eben warten, bis ich mit meiner Methode fertig bin."

„Die Lücke ist groß genug. Ich probiere ganz in Ruhe, mein Auto da hinein zu parken."

„Ich habe mir das Lenken zeigen lassen und merke mir, in welche Richtung das Lenkrad gedreht werden muss. So wiederhole ich es jetzt."

„Je öfter man einparkt, umso mehr bekommt man ein Gefühl für die Abstände. Jetzt steige ich einfach aus und gucke nach, wieviel Platz noch ist und ob mein Eindruck ungefähr gestimmt hat."

„Ich will einparken. Die anderen müssen eben warten, bis ich mit meiner Methode fertig bin."

Schritt 5: Eine Karteikarte für den umgewandelten Gedanken anlegen

Legen Sie eine eigene Karteikarte für den bearbeiteten Gedanken an, indem Sie auf die eine Seite den alten, angstauslösenden Gedanken schreiben. Auf die Rückseite schreiben Sie den neuen, positiven Gedanken.

Schritt 6:
Wird Wissen oder Training benötigt?

- **Wissen:** Die sich nach links oder rechts bewegenden Räder folgen einer gewissen Logik, wenn man das Lenkrad bedient. Diese Logik muss sich Ihnen nicht erschließen. Sie können sich auch merken, in welcher Reihenfolge das Lenkrad wohin gedreht werden muss, damit das Einparken gelingt. Schreiben (oder zeichnen) Sie sich die Reihenfolge einmal mit Ihrem Fahrlehrer auf und gehen Sie die Reihenfolge zu Hause auf einem Stuhl immer wieder durch. So lernen Sie die Bewegungen auswendig.
- **Training:** Tatsächlich braucht es vor allem Übung, daher versuchen Sie nicht ein möglichst zügiges Einparken. Vielmehr hilft es, nach jedem einzelnen Schritt eine Pause zu machen und sich zu überlegen, was als Nächstes kommt. Zur Kontrolle könnten Sie auch mal aussteigen, damit Sie sehen, wie viel Platz zu den anderen parkenden Autos noch ist oder wie nah Sie an die Bordsteinkante gefahren sind. Die Abstände hat zu Beginn niemand „im Gefühl“. Das sind Erfahrungswerte, die sich mit der Zeit ergeben werden. Bis dahin verschaffen Sie sich einen Eindruck durch die Kontrolle mit dem Aussteigen.

Schritt 7:
Wo passt eine Entspannungsübung hin?

Häufig muss ja zunächst eine freie Parklücke gefunden werden. Während der Suche können Sie eine Entspannungsübung anwenden. Oder es ist kein Verkehr und Sie behindern niemanden. Dann können Sie unmittelbar vor dem eigentlichen Einparken eine kurze Zeit mit dem Auto stehen bleiben und eine Übung anwenden.

SITUATIONEN IN ORTSCHAFTEN

Im fließenden Verkehr mitfließen

Abb. 10: Im Berufsverkehr mitzufließen und niemanden zu behindern, kann für Fahranfänger ein Moment der Angst sein.

Schritt 1: Welche Situation soll verändert werden?

Überlegen Sie, ob Sie diesen Moment der Angst in einer Ortschaft auch kennen.

Schritt 2: Den angstauslösenden Gedanken oder die Einstellung finden

Gehen Sie auf die Suche nach den Gedanken oder der negativen Einstellung, wodurch die Angst ausgelöst wird. Ein paar typische Beispiele sollen Ihnen die Suche erleichtern:

„Wenn jemand hupt, dann denke ich sofort, dass ich etwas falsch gemacht habe oder im Wege bin.“

„Einmal eingeklinkt, kommt man da nie wieder heil raus!“

Schritt 3:
Welcher Teil wird angesprochen?

„Wenn jemand hupt, dann denke ich sofort, dass ich zu langsam und im Wege bin." → Fahrer/Verkehr

„Einmal eingeklinkt, kommt man da nie wieder heil raus!" → Verkehr

Schritt 4:
Den negativen Gedanken oder die Einstellung umwandeln

„Das Hupen kann allen gelten – ich bin Fahranfänger und fahre entsprechend, nämlich vorsichtiger oder langsamer. Das ist o. k.!"

„So wie man sich in den Verkehr einklinkt, so klinkt man sich auch wieder aus, z. B. durch frühzeitiges Blinken."

Schritt 5:
Eine Karteikarte für den umgewandelten Gedanken anlegen

Legen Sie eine eigene Karteikarte für den bearbeiteten Gedanken an, indem Sie auf die eine Seite den alten, angstauslösenden Gedanken schreiben. Auf die Rückseite schreiben Sie den neuen, positiven Gedanken.

Schritt 6:
Wird Wissen oder Training benötigt?

Vorausschauendes Fahren

- **Wissen:** Mitfließen gelingt leichter, wenn man das Verkehrsgeschehen vor sich im Überblick hat. Denn ein Tunnelblick klebt quasi am Vordermann und auf dem eigenen Fahrstreifen. Aber gerade beim Autofahren brauchen wir den weiten, peripheren Blick. Dieser Blick ist weiter nach vorn gerichtet und wird häufig auch mit dem Begriff „Vorausschauendes Fahren" beschrieben. Er bedeutet, dass die Augen auch mal hin und her wandern, durchaus auch mit einer leichten Kopfbewegung. Der starr geradeaus gerichtete Tunnelblick wird durch einen Blick weiter nach vorn erweitert, ohne etwas zu fixieren. Die Befürchtung, das unmittelbare Geschehen vor einem dann aus den Augen zu verlieren, ist unbegründet. Denn tatsächlich bleiben beim peripheren Blick auch die nahen Eindrücke im Blickfeld. Sie sind in dem Moment nur nicht scharf gestellt.
- **Training:** Sie können den peripheren Blick als Fußgänger ausprobieren: schauen Sie von Ihrer Straßenseite auf den Fußweg hinüber zur anderen Seite. Fixieren Sie nicht ein einzelnes Objekt, etwa einen Fußgänger, einen Baum, eine Hauseinfahrt. Lassen Sie die Augen

Augen hin- und herwandern, eher so, als würden Sie da drüben etwas suchen. Dadurch sehen Sie viele verschiedene Dinge auf der anderen Straßenseite. Stellen Sie nun zusätzlich fest, dass Sie auch die vorbeifahrenden Autos bemerken. Oder ob da eben ein Fahrrad vorbeifuhr. Im Auto können Sie das als Beifahrer ausprobieren: Stellen Sie sich vor, Sie säßen am Steuer und blicken dabei weiter voraus, weil Sie die vor Ihnen liegende Verkehrssituation insgesamt erfassen wollen. So entdecken Sie beispielsweise ein auf Ihrer Spur haltendes Fahrzeug in einiger Entfernung. Nun könnten Sie schon lange im Voraus und in Ruhe den Fahrstreifen wechseln. Oder Sie sehen, dass das Auto bereits losfährt und Sie deshalb auf Ihrer Spur bleiben können.

Schritt 7:
Wo passt eine Entspannungsübung hin?

Da Sie sich im Verkehrsfluss befinden, gibt es keinen länger dauernden Moment für eine Entspannungsübung. Vielmehr sorgen Sie bereits vorher insgesamt für ein entspannteres Fahren, so dass dann bei diesem speziellen Vorhaben die positiven Gedanken und Ihre positive Einstellung vor und während des Fahrstreifenwechsels dazukommen.

SITUATIONEN IN ORTSCHAFTEN

Im Kreisverkehr

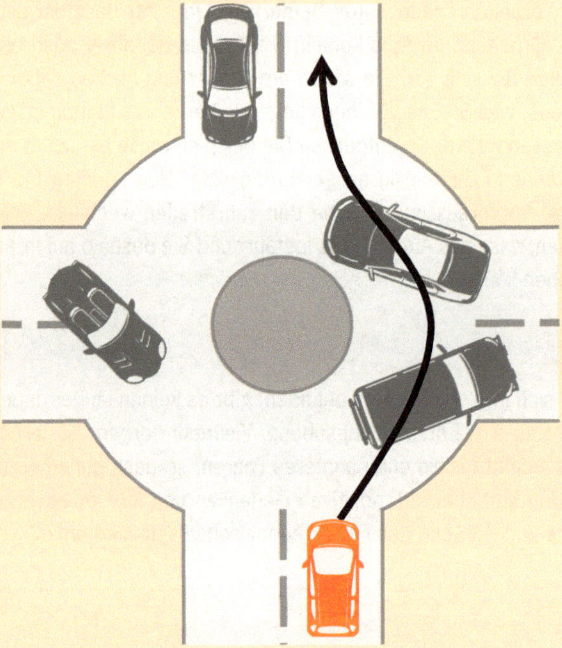

Abb. 11: In einen vielbefahrenen Kreisverkehr einzufahren, kann Fahranfängern Angst machen.

Schritt 1: Welche Situation soll verändert werden?

Überlegen Sie, ob Sie diesen Moment der Angst in einer Ortschaft auch kennen.

Schritt 2: Den angstauslösenden Gedanken oder die Einstellung finden

Gehen Sie auf die Suche nach den Gedanken oder der negativen Einstellung, wodurch die Angst ausgelöst wird. Ein paar typische Beispiele sollen Ihnen die Suche erleichtern:

„Mir graut vor dem Kreisverkehr in der Stadt – bei uns gibt es so was nicht."

„Ich bin schon mal dreimal um den Kreis gefahren, bis ich endlich wieder raus bin. Total bescheuert."

Schritt 3:
Welcher Teil wird angesprochen?

„Mir graut vor dem Kreisverkehr in der Stadt – bei uns gibt es so was nicht.“ → Verkehr

„Ich bin schon mal dreimal um den Kreis gefahren, bis ich endlich wieder raus bin. Total bescheuert.“ → Fahrer

Schritt 4:
Den negativen Gedanken oder die Einstellung umwandeln

„Ein seltener Kreisverkehr ist durchaus anspruchsvoll, daher fahre ich entsprechend aufmerksam hinein und wieder heraus. Die Schilder vorher zeigen mir, wie die Fahrspuren eingeteilt sind.“

„Bei der nächsten Runde gucke ich in Ruhe, auf welcher Spur es raus geht. Auf die Spur versuche ich dann rechtzeitig zu wechseln.“

Schritt 5:
Eine Karteikarte für den umgewandelten Gedanken anlegen

Legen Sie eine eigene Karteikarte für den bearbeiteten Gedanken an, indem Sie auf die eine Seite den alten, angstauslösenden Gedanken schreiben. Auf die Rückseite schreiben Sie den neuen, positiven Gedanken.

Schritt 6:
Wird Wissen oder Training benötigt?

- **Training:** Meiden Sie nicht bestimmte Ziele, weil sich auf dem Weg dorthin der gefürchtete Kreisverkehr befindet. Erlauben Sie sich, zu üben. Fahren Sie daher sogar gezielt in den Kreisverkehr, damit er häufiger in Ihrem Fahralltag vorkommt. Sie werden dann auch mehr die Systematik erkennen, wie die einzelnen Fahrspuren aufgebaut sind und an welcher Stelle Sie welche Spur brauchen. So kann man andere dabei beobachten, wie sie auf einer mehrspurigen Straße frühzeitig die ganz rechte Spur wählen. Tatsächlich ist das eine Vorbereitung auf den bevorstehenden Kreisverkehr: Sie wollen nämlich den Kreisverkehr schon an der ersten Stelle wieder verlassen und wissen aus Gewohnheit, dass das am ruhigsten auf der ganz rechten Spur geschieht. Diese Spur ist nämlich nur für die Rechtsabbieger vorgesehen. Wie die Spuren gedacht sind, zeigt häufig ein großes Schild, noch bevor Sie in den Kreisverkehr einfahren.

Schritt 7:
Wo passt eine Entspannungsübung hin?

Da Sie sich im Verkehrsfluss befinden, gibt es keinen länger dauernden Moment für eine Entspannungsübung. Vielmehr sorgen Sie bereits vorher insgesamt für ein entspannteres Fahren, so dass dann bei diesem speziellen Vorhaben die positiven Gedanken und Ihre positive Einstellung vor und während des Fahrstreifenwechsels dazukommen.

SITUATIONEN IN ORTSCHAFTEN

An der Tankstelle

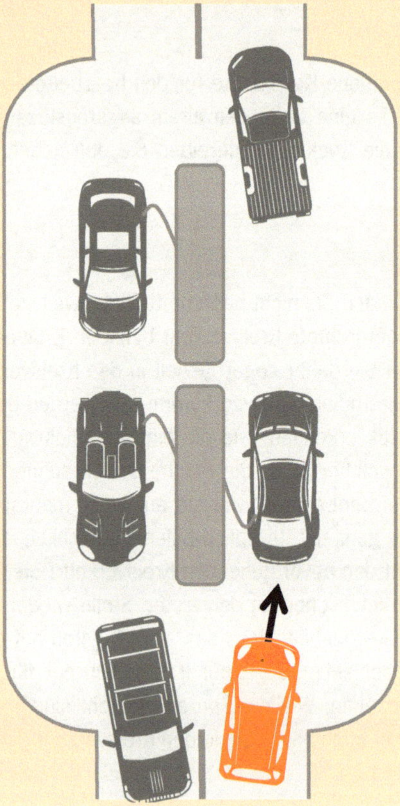

Abb. 12: Tankstellen sind für Fahranfänger oft unbeliebtes Terrain, dort kann es hektisch und eng sein.

Schritt 1: Welche Situation soll verändert werden?

Überlegen Sie, ob Sie diesen Moment der Angst in einer Ortschaft auch kennen.

Schritt 2: Den angstauslösenden Gedanken oder die Einstellung finden

Gehen Sie auf die Suche nach den Gedanken oder der negativen Einstellung, wodurch die Angst ausgelöst wird. Ein paar typische Beispiele sollen Ihnen die Suche erleichtern:

„Ich tanke so selten und weiß nie hundertprozentig, wie der Tank aufgeht.“

„Ich kann doch nicht den Wagen einfach stehen lassen und drinnen in Ruhe bezahlen.“

„Ranfahren, Klappe auf, Tanken, Klappe zu, bezahlen – das braucht alles so lange und inzwischen warten schon andere, um endlich an meine Tanksäule zu kommen.“

Schritt 3: Welcher Teil wird angesprochen?

„Ich tanke so selten und weiß nie hundertprozentig, wie der Tank aufgeht.“ → Auto

„Ich kann doch nicht den Wagen einfach stehen lassen und drinnen in Ruhe bezahlen.“ → Fahrer

„Ranfahren, Klappe auf, tanken, Klappe zu, bezahlen – das braucht alles so lange und inzwischen warten schon andere, um endlich an meine Tanksäule zu kommen.“ → Auto/Verkehr

Schritt 4: Den negativen Gedanken oder die Einstellung umwandeln

„Da ich selten tanke, mache ich mir eine Notiz (oder Zeichnung), wie das geht. Das schaue ich mir dann vorher an.“

„Alle machen das so: tanken, Wagen abschließen, drinnen bezahlen und dann erst wegfahren, wenn alles erledigt ist. Wenn genug Platz wäre, könnte ich den Wagen auch an die Seite stellen, damit andere schon mal tanken können.“

„Das Tanken und Bezahlen dauert die Zeit, die die einzelnen Handgriffe nun Mal brauchen. Gerade wenn es voll ist, müssen die anderen eben warten, so wie ich auch schon gewartet habe.“

Schritt 5: Eine Karteikarte für den umgewandelten Gedanken anlegen

Legen Sie eine eigene Karteikarte für den bearbeiteten Gedanken an, indem Sie auf die eine Seite den alten, angstauslösenden Gedanken schreiben. Auf die Rückseite schreiben Sie den neuen, positiven Gedanken.

Schritt 6: Wird Wissen oder Training benötigt?

- **Wissen:** Lesen Sie die Gebrauchsanweisung und schauen Sie sich zu Hause allein die Tanköffnung an. Oder lassen Sie sich doch von jemandem, der das Auto kennt, das Tanken in Ruhe auf einem Parkplatz erklären und schreiben Sie die einzelnen Schritte mit. Mit welcher Seite muss ich an die Tanksäule fahren? Machen Sie dazu eine Skizze. Gibt es neben dem Fahrersitz einen Hebel zum Öffnen der Klappe oder öffnet sie sich durch leichten Druck an einer Seite? Wie herum öffnet sich der Tankdeckel? Welches Benzin brauche ich? Am Ende haben Sie mehrere Schritte festgehalten und legen Ihre eigene Gebrauchsanweisung in das Handschuhfach.
- **Training:** Es gibt Zeiten, da ist es an den Tankstellen eher leer. Wenn Sie selbst Zeit und Ruhe haben, fahren Sie zur Tankstelle, auch wenn der Tank noch gar nicht leer ist. Mit Ihrem Plan lassen Sie sich Zeit und tanken einfach nur 10 Liter oder für 20 Euro. Nur zur Übung in einem ruhigen Moment.

Schritt 7: Wo passt eine Entspannungsübung hin?

Eine Entspannungsübung passt immer dann, wenn Sie warten, weil die Zapfsäulen besetzt sind. Optimaler ist es, wenn Sie zu Zeiten tanken, wo kaum Andrang besteht. Dann sind mehrere Zapfsäulen frei und Sie können sich Zeit lassen. Halten Sie an der Zapfsäule, stellen den Motor ab und wenden Sie eine der Übungen an. Dann erst steigen Sie aus und beginnen mit dem eigentlichen Tanken.

SITUATIONEN IN ORTSCHAFTEN

In der Waschstraße

Abb. 13: In der Waschstraße fühlen sich viele Fahranfänger nicht wohl, die Einfahrt auf das Förderband oder die an die Scheiben klatschenden Lappen können Angst machen.

Schritt 1: Welche Situation soll verändert werden?

Überlegen Sie, ob Sie diesen Moment der Angst in einer Ortschaft auch kennen.

Schritt 2: Den angstauslösenden Gedanken oder die Einstellung finden

Gehen Sie auf die Suche nach den Gedanken oder der negativen Einstellung, wodurch die Angst ausgelöst wird. Ein paar typische Beispiele sollen Ihnen die Suche erleichtern:

„Ich hoffe immer nur, da so schnell wie möglich durch zu sein. Man ist ja wie gefangen, weil die Anlage alles automatisch macht, sogar das Auto schieben.“

„Wenn ich was falsch mache und das Auto geht kaputt, hab ich auch noch selber Schuld.“

Schritt 3: Welcher Teil wird angesprochen?

„Ich hoffe immer nur, da so schnell wie möglich durch zu sein. Man ist ja wie gefangen, weil die Anlage alles automatisch macht, sogar das Auto schieben.“ → Auto

„Wenn ich was falsch mache und das Auto geht kaputt, hab ich auch noch selber Schuld.“ → Fahrer

Schritt 4:
Den negativen Gedanken oder die Einstellung umwandeln

„Ich brauche nichts tun und warte, bis die Waschstraße fertig ist. Dabei kann ich versuchen, mich zu entspannen."

„Ich mache es genauso, wie es zu Beginn auf dem Schild steht. Ich kontrolliere dann ein Mal und dann wird es gut gehen."

Schritt 5:
Eine Karteikarte für den umgewandelten Gedanken anlegen

Legen Sie eine eigene Karteikarte für den bearbeiteten Gedanken an, indem Sie auf die eine Seite den alten, angstauslösenden Gedanken schreiben. Auf die Rückseite schreiben Sie den neuen, positiven Gedanken.

Schritt 6:
Wird Wissen oder Training benötigt?

- **Wissen:** Um eine Waschstraße kennenzulernen, bitten Sie einen Bekannten, ob er Sie einmal in einem ruhigen Moment mitnimmt und zeigt, was da alles passiert. Nehmen Sie dabei eine interessierte und aufmerksame Haltung ein. Sie können die einzelnen Schritte auch mitschreiben. Der nächste Schritt könnte sein, dass dieser Bekannte Sie begleitet, wenn Sie mit Ihrem Wagen in die Anlage fahren. Dabei nennt er Ihnen die einzelnen Schritte – das brauchen Sie zu diesem Zeitpunkt noch nicht können. So erledigen Sie das als Team.
- **Training:** Dann fahren Sie an einem Tag, an dem Sie Zeit und Ruhe haben und es an der Waschstraße eher leer ist, allein dorthin. Es ist egal, wie dreckig das Auto zu diesem Zeitpunkt ist. Während die Anlage Ihr Auto wäscht, können Sie die Schritte verfolgen oder auch etwas ganz anderes machen. Sie haben schließlich ein paar Minuten Pause. Machen Sie eine Entspannungsübung, wenn Sie sehr aufgeregt sind. Die Grundhaltung ist hier: Die Anlage kümmert sich allein um mein Auto und ich ruhe mich inzwischen ein wenig aus (oder: und ich beobachte interessiert den Vorgang).

Schritt 7:
Wo passt eine Entspannungsübung hin?

Eine Entspannungsübung passt immer dann, wenn Sie warten. Also vorher, falls es eine Warteschlange gibt. Und während des Waschens, entweder wenn Sie dabei im Auto sitzen oder eben draußen wartend. Sie fixieren dann nämlich nicht mehr die Anlage, sondern kümmern sich um sich selbst.

AUF DER LANDSTRASSE

SITUATIONEN AUF DER LANDSTRASSE

Ein langsames Fahrzeug überholen

Abb. 14: Einen langsam fahrenden LKW oder Traktor auf Landstraßen zu überholen, verursacht nicht nur bei Fahranfängern Angst.

Schritt 1:
Welche Situation soll verändert werden?
Überlegen Sie, ob Sie diesen Moment der Angst auf einer Landstraße auch kennen.

Schritt 2:
Den angstauslösenden Gedanken oder die Einstellung finden
Gehen Sie auf die Suche nach den Gedanken oder der negativen Einstellung, wodurch die Angst ausgelöst wird. Ein paar typische Beispiele sollen Ihnen die Suche erleichtern:

„Ich hasse es, hinter einem Trecker zu fahren und hinter mir werden es immer mehr Autos, weil ich nicht überhole."

„Oh, Gott, schaff ich das noch? Da vorn kommt schon einer angerast!"

Schritt 3:
Welcher Teil wird angesprochen?

„Ich hasse es, hinter einem Trecker zu fahren und hinter mir werden es immer mehr Autos, weil ich nicht überhole." → Fahrer/Verkehr

„Oh, Gott, schaff ich das noch? Da vorn kommt schon einer angerast!" → Verkehr

Schritt 4:
Den negativen Gedanken oder die Einstellung umwandeln

„Ich bleibe so lange hinter dem Trecker, bis sich eine Überholmöglichkeit bietet. Hinter mir warten die anderen, bis sie dran sind." Oder: „Ich will gerade nicht überholen – ich lasse mich etwas zurückfallen, damit die anderen erst mich und dann den Trecker überholen können."

„Ich überhole zügig zu Ende. Der Gegenverkehr sieht mich ja auch und könnte bremsen."

Schritt 5:
Eine Karteikarte für den umgewandelten Gedanken anlegen

Legen Sie eine eigene Karteikarte für den bearbeiteten Gedanken an, indem Sie auf die eine Seite den alten, angstauslösenden Gedanken schreiben. Auf die Rückseite schreiben Sie den neuen, positiven Gedanken.

Schritt 6:
Wird Wissen oder Training benötigt?

- **Wissen:** Im Interview hat der Fahrlehrer René Essbach eine hilfreiche Regel für das Überholen formuliert: „Ich kann, ich muss nicht, und im Zweifel nie!" Machen Sie diese Regel zu Ihrem eigenen Motto und üben Sie gezielt, sich daran zu halten.
- **Training:** Bei der Umformulierung eines negativen Gedankens steckt schon eine neue Möglichkeit drin, das Motto auch umsetzen. Nehmen Sie sich vor, beim nächsten Mal statt zu überholen sich zurückfallen zu lassen, in dem Sie etwas langsamer werden und der Abstand zum Trecker dadurch größer wird. Nun ist zwischen Ihnen und dem Trecker ausreichend Platz und die Wagen hinter Ihnen können überholen und zwischen Ihnen und dem Trecker einscheren. Denn für Sie gilt die Regel „Ich kann, ich muss nicht, und im Zweifel nie!"

Schritt 7:
Wo passt eine Entspannungsübung hin?

Wenn Sie selbst noch nicht unmittelbar hinter dem Trecker fahren, dann nutzen Sie die Wartezeit für eine Entspannungsübung. Damit lenken Sie sich von angstauslösenden Gedanken ab, weil Sie die Wartezeit quasi für sich nutzen. Dasselbe gilt, wenn Sie hinter dem Trecker auf eine freie Möglichkeit warten: Bei ständigem Gegenverkehr und unübersichtlichen Kurven müssen Sie wie alle anderen auch eben warten. Versuchen Sie, diese Zeit für sich zu nutzen, anstatt sich in das Warten müssen hineinzusteigern.

SITUATIONEN AUF DER LANDSTRASSE

Fahren in der Nacht oder bei starkem Regen

Abb. 15: Nachts und bei schlechtem Wetter zu fahren ist für Fahranfänger eine echte Herausforderung, da häufig zum Beispiel die Sicht eingeschränkt ist.

Schritt 1:
Welche Situation soll verändert werden?

Überlegen Sie, ob Sie diesen Moment der Angst auf einer Landstraße auch kennen.

Schritt 2:
Den angstauslösenden Gedanken oder die Einstellung finden

Gehen Sie auf die Suche nach den Gedanken oder der negativen Einstellung, wodurch die Angst ausgelöst wird. Ein paar typische Beispiele sollen Ihnen die Suche erleichtern:

„Ich sehe dann bestimmt so schlecht, da fahre ich überhaupt nicht."

„Man muss doch nicht ausgerechnet dann fahren, wenn es am gefährlichsten ist."

Schritt 3:
Welcher Teil wird angesprochen?

„Ich sehe dann bestimmt so schlecht, da fahre ich überhaupt nicht." → Fahrer

„Man muss doch nicht ausgerechnet dann fahren, wenn es am gefährlichsten ist." → Fahrer

Schritt 4:
Den negativen Gedanken oder die Einstellung umwandeln

„Ich fahre auch bei Nacht und Regen und passe mein Fahrverhalten an die Sichtverhältnisse an."

„Ich entscheide, wann ich fahre. Bei Regen und in der Nacht passe ich gut auf und fahre etwas vorsichtiger."

Schritt 5:
Eine Karteikarte für den umgewandelten Gedanken anlegen

Legen Sie eine eigene Karteikarte für den bearbeiteten Gedanken an, indem Sie auf die eine Seite den alten, angstauslösenden Gedanken schreiben. Auf die Rückseite schreiben Sie den neuen, positiven Gedanken.

Schritt 6:
Wird Wissen oder Training benötigt?

- **Training:** Tatsächlich ist die Sicht im Dunkeln und bei Regen eingeschränkt. Daher ist die Geschwindigkeit unabhängig von der erlaubten Höchstgeschwindigkeit anzupassen. Fahren Sie mit einem hilfreichen

Beifahrer immer wieder einmal gezielt, damit Sie eine realistische Einschätzung aufbauen können. So stellen Sie beispielsweise bei jeder weiteren Fahrt fest, wie stark die Verkehrsschilder eigentlich das Scheinwerferlicht reflektieren. Sie sind im Prinzip deutlicher zu erkennen als am Tage. Dagegen sind Fußgänger, noch dazu mit dunkler Kleidung, tatsächlich schwerer zu sehen.

Schritt 7:
Wo passt eine Entspannungsübung hin?

Wenn die Gefahr besteht, dass Sie wegen ängstlicher Zweifel gar nicht erst losfahren, obgleich Sie eigentlich fahren wollten, dann setzen Sie sich in das Auto und machen eine Entspannungsübung, ohne den Motor zu starten.

SITUATIONEN AUF DER LANDSTRASSE

Plötzliche Straßenschäden

Abb. 16: Mögliche Straßenschäden, etwa ein Schlagloch, können besonders auf Landstraßen bei höheren Geschwindigkeiten Angst auslösen.

Schritt 1:
Welche Situation soll verändert werden?

Überlegen Sie, ob Sie diesen Moment der Angst auf einer Landstraße auch kennen.

Schritt 2: Den angstauslösenden Gedanken oder die Einstellung finden

Gehen Sie auf die Suche nach den Gedanken oder der negativen Einstellung, wodurch die Angst auslöst wird. Ein paar typische Beispiele sollen Ihnen die Suche erleichtern:

„Es kann doch jederzeit ein Schlagloch kommen und ich rase dann voll rein!"

„Ich fahr ganz langsam, damit bloß nichts passiert."

Schritt 3: Welcher Teil wird angesprochen?

Es kann doch jederzeit ein Schlagloch kommen und ich rase dann voll rein!" → Verkehr
„Ich fahr ganz langsam, damit bloß nichts passiert." → Fahrer

Schritt 4: Den negativen Gedanken oder die Einstellung umwandeln

„Wenn es Straßenschäden gibt, dann ist das ausgeschildert und die Geschwindigkeit vorgegeben. Ansonsten kann ich mit guten Straßenverhältnissen rechnen."

„Ich fahre vielleicht vorsichtiger, aber auch ungefähr so schnell, wie es erlaubt ist."

Schritt 5: Eine Karteikarte für den umgewandelten Gedanken anlegen

Legen Sie eine eigene Karteikarte für den bearbeiteten Gedanken an, indem Sie auf die eine Seite den alten, angstauslösenden Gedanken schreiben. Auf die Rückseite schreiben Sie den neuen, positiven Gedanken.

Schritt 6: Wird Wissen oder Training benötigt?

- **Wissen:** Schauen Sie gezielt in Ihr Lernmaterial, welche Schilder auf die verschiedenen Zustände der Fahrbahn hinweisen. Wenn Sie die Schilder eindeutig kennen, können Sie im Ernstfall die Geschwindigkeit anpassen und besonders aufmerksam fahren.

Schritt 7: Wo passt eine Entspannungsübung hin?

Sobald der zweifelnde Gedanke kommt, kombinieren Sie den neuen, positiven Gedanken mit einer Entspannungsübung und fahren gezielt weiter.

SITUATIONEN AUF DER LANDSTRASSE

Wildwechsel

Abb. 17: Das richtige Verhalten bei Wildwechsel ist lebenswichtig.

Schritt 1:
Welche Situation soll verändert werden?

Überlegen Sie, ob Sie diesen Moment der Angst auf einer Landstraße auch kennen.

Schritt 2:
Den angstauslösenden Gedanken oder die Einstellung finden

Gehen Sie auf die Suche nach den Gedanken oder der negativen Einstellung, wodurch die Angst ausgelöst wird. Ein paar typische Beispiele sollen Ihnen die Suche erleichtern:

„Achtung, da ist wieder ein Waldstück! Jetzt bloß gut aufpassen!"

„Durch Tiere werden unheimlich schwere Unfälle verursacht."

Schritt 3:
Welcher Teil wird angesprochen?

„Achtung, da ist wieder ein Waldstück! Jetzt bloß gut aufpassen!" → Verkehr/Fahrer

„Durch Tiere werden unheimlich schwere Unfälle verursacht." → Verkehr

Schritt 4:
Den negativen Gedanken oder die Einstellung umwandeln

„Da, wo überhaupt Wild vorkommen könnte, ist es ausgeschildert. Dann fahre ich natürlich vorsichtiger. Sonst ist alles in Ordnung."

„Durch Tiere können die unterschiedlichsten Unfälle verursacht werden. Wenn ich mich an aufgestellte Warnschilder halte, dann fahre ich deutlich sicherer."

Schritt 5:
Eine Karteikarte für den umgewandelten Gedanken anlegen

Legen Sie eine eigene Karteikarte für den bearbeiteten Gedanken an, indem Sie auf die eine Seite den alten, angstauslösenden Gedanken schreiben. Auf die Rückseite schreiben Sie den neuen, positiven Gedanken.

Schritt 6:
Wird Wissen oder Training benötigt?

- **Wissen:** Auch hier gibt es nichts, was man gezielt üben könnte. Deshalb gilt dasselbe wie für die Straßenschäden: Welche Schilder warnen vor Wildwechsel? Im Ernstfall können Sie die Geschwindigkeit anpassen und besonders aufmerksam fahren.

Schritt 7:
Wo passt eine Entspannungsübung hin?

Gehen Sie hier so vor: Sobald der zweifelnde Gedanke kommt, kombinieren Sie den neuen, positiven Gedanken mit einer Entspannungsübung und fahren gezielt weiter.

AUF DER AUTOBAHN

Viele ängstliche Menschen vermeiden das Fahren auf der Autobahn. Dabei können es folgende Momente sein, die eine Unsicherheit oder Angst auslösen.

SITUATIONEN AUF DER AUTOBAHN

Auffahren und Einfädeln in den Autobahnverkehr

Abb. 18: Das Auffahren auf die Autobahn macht Fahranfängern regelmäßig Angst.

Schritt 1:
Welche Situation soll verändert werden?

Überlegen Sie, ob Sie diesen Moment der Angst auf der Autobahn auch kennen.

Schritt 2:
Den angstauslösenden Gedanken oder die Einstellung finden

Gehen Sie auf die Suche nach den Gedanken oder der negativen Einstellung, wodurch die Angst ausgelöst wird. Ein paar typische Beispiele sollen Ihnen die Suche erleichtern:

„Die lassen mich doch nicht rein."

„Gas geben, Gucken, Blinken – wieder alles auf einmal!"

Schritt 3:
Welcher Teil wird angesprochen?

„Die lassen mich doch nicht rein." → Verkehr

„Gas geben, Gucken, Blinken – wieder alles auf einmal!" → Auto

Schritt 4:
Den negativen Gedanken oder die Einstellung umwandeln

„Ich blinke, um klar zu zeigen, dass ich auf die Autobahn komme. Die anderen wechseln auf die linke Spur, um Platz zu machen oder werden langsamer, damit ich vor ihnen einfädeln kann."

„Alles kurz nacheinander, denn ich kenne inzwischen die Handgriffe: erst der Blinker. Dann gebe ich mit dem Fuß Gas und dabei gucke ich im Spiegel, wie ich mich einfädeln kann."

Schritt 5:
Eine Karteikarte für den umgewandelten Gedanken anlegen

Legen Sie eine eigene Karteikarte für den bearbeiteten Gedanken an, indem Sie auf die eine Seite den alten, angstauslösenden Gedanken schreiben. Auf die Rückseite schreiben Sie den neuen, positiven Gedanken.

Schritt 6:
Wird Wissen oder Training benötigt?

- **Wissen:** Viele Fahranfänger glauben, man sei gezwungen, den Beschleunigungsstreifen unbedingt zum sofortigen Einfädeln in die Autobahn zu benutzen. Tatsächlich hat aber der bereits fließende Verkehr auf der durchgehenden Fahrbahn die Vorfahrt! Sie dürfen sich also nicht einfach dazwischen drängeln, sondern müssen notfalls sogar anhalten. Deshalb ist es auch üblich, dass die anderen Autofahrer, die bereits auf der Autobahn fahren, auf die linke Spur wechseln, damit man leichter einfädeln kann.
- **Training:** Üben Sie das Einfädeln zu Zeiten, wo eine Autobahn weniger genutzt wird. Andere Autofahrer können dann auch leichter Platz machen und das Einfädeln gelingt. Achten Sie darauf, den Beschleunigungsstreifen möglichst in seiner vollen Länge zu nutzen. Es ist nämlich nicht das Ziel, möglichst schnell und damit ruckartig in die Autobahn einzufädeln. Mit einer höheren Geschwindigkeit, die

Sie schon auf dem Beschleunigungsstreifen erreichen, nimmt der fließende Verkehr Sie viel leichter auf.

Schritt 7:
Wo passt eine Entspannungsübung hin?

Da Sie sich im Verkehrsfluss befinden, gibt es keinen länger dauernden Moment für eine Entspannungsübung. Vielmehr sorgen Sie bereits vorher insgesamt für ein entspannteres Fahren, so dass dann bei diesem speziellen Vorhaben die positiven Gedanken und Ihre positive Einstellung vor und während der Aktion dazukommen.

SITUATIONEN AUF DER AUTOBAHN

Überholen langsamer Fahrzeuge in Verbindung mit Dränglern

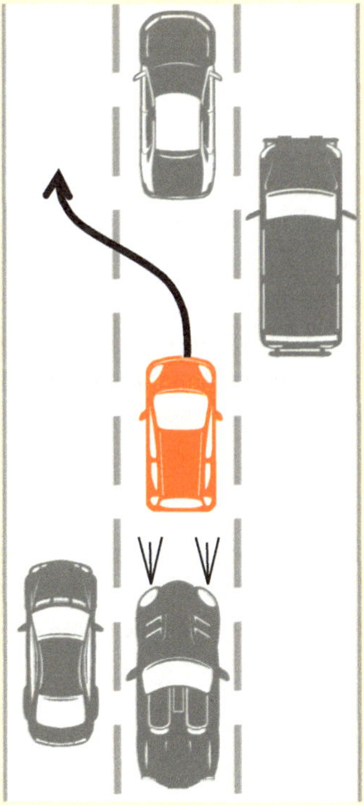

Abb. 19:
Bei einer Überholsituation mit einem lichthupenden Drängler im Nacken darf ein Fahranfänger nicht die Ruhe verlieren.

Schritt 1:
Welche Situation soll verändert werden?

Überlegen Sie, ob Sie diesen Moment der Angst auf der Autobahn auch kennen.

Schritt 2:
Den angstauslösenden Gedanken oder die Einstellung finden

Gehen Sie auf die Suche nach den Gedanken oder der negativen Einstellung, wodurch die Angst ausgelöst wird. Ein paar typische Beispiele sollen Ihnen die Suche erleichtern:

„Ich muss irgendwie an dem LKW vorbei, aber komm hier einfach nicht raus."

„Auf der linken Spur fahren nur die Raser, da hab ich nichts zu suchen."

Schritt 3:
Welcher Teil wird angesprochen?

„Ich muss irgendwie an dem LKW vorbei, aber komm hier einfach nicht raus." → Fahrer

„Auf der linken Spur fahren nur die Raser, da hab ich nichts zu suchen." → Verkehr/Fahrer

Schritt 4:
Den negativen Gedanken oder die Einstellung umwandeln

„Ich bestimme Folgendes: Ich bleibe so lange hinter dem LKW, bis eine Lücke entsteht und ich raus kann. Dann beschleunige ich entsprechend, um zu überholen."

„Die linke Spur ist zum Überholen da. Ich benutze sie und beschleunige entsprechend. Alle Raser werden abbremsen und sich gedulden müssen, bis ich wieder die Spur wechsle."

Schritt 5:
Eine Karteikarte für den umgewandelten Gedanken anlegen

Legen Sie eine eigene Karteikarte für den bearbeiteten Gedanken an, indem Sie auf die eine Seite den alten, angstauslösenden Gedanken schreiben. Auf die Rückseite schreiben Sie den neuen, positiven Gedanken.

Schritt 6:
Wird Wissen oder Training benötigt?

- **Wissen:** Hier gilt dasselbe Motto wie auch schon auf der Landstraße: Niemand muss überholen. Sie könnten sich dafür entscheiden, auf der rechten Spur zu bleiben. Doch vielleicht gibt es da ein Fahrzeug, das auch Ihnen einfach zu langsam fährt? Sie wollen überholen? Sicher werden Sie dafür eine große Lücke abwarten, blinken und beschleunigen und das Fahrzeug überholen. Die größte Sorge beim Überholen besteht darin, dass plötzlich eben doch sehr schnelle Fahrzeuge auftauchen und beginnen zu drängeln: dichtes Auffahren, links blinken und mit der Lichthupe so etwas wie „Platz da!“ signalisieren. Rechtlich gesehen ist das übrigens ein Fall von „Nötigung“ und kostet ein Bußgeld. Sie dürfen Ihren Überholvorgang beenden, d.h., Sie behalten Ihr Überholtempo bei, beschleunigen auf gar keinen Fall und versuchen auch nicht, so schnell wie möglich zurück auf die rechte Spur zu kommen. Fühlen Sie sich nicht genötigt, sich zwischen die Autos auf der rechten Spur zu zwängen, sondern überholen Sie. Denn genau das hatten Sie vor.
- **Training:** Nehmen Sie sich folgendes Verhalten vor, sollten Sie einen Drängler hinter sich bemerken: Fixieren Sie den Drängler nicht im Rückspiegel, sondern schauen Sie zu Ihrer eigenen Sicherheit überwiegend nach vorne, links und rechts.

Schritt 7:
Wo passt eine Entspannungsübung hin?

Da Sie sich im Verkehrsfluss befinden, gibt es keinen länger dauernden Moment für eine Entspannungsübung. Vielmehr sorgen Sie bereits vorher insgesamt für ein entspannteres Fahren, so dass dann bei diesem speziellen Vorhaben die positiven Gedanken und Ihre positive Einstellung vor und während der Aktion dazukommen.

SITUATIONEN AUF DER AUTOBAHN

Die grundsätzlich höhere Geschwindigkeit sogar bei leerer Autobahn

Abb. 20: Eine hohe Geschwindigkeit kann auch bei ruhigem Verkehr ängstigen.

Schritt 1:
Welche Situation soll verändert werden?

Überlegen Sie, ob Sie diesen Moment der Angst auf der Autobahn auch kennen.

Schritt 2:
Den angstauslösenden Gedanken oder die Einstellung finden

Gehen Sie auf die Suche nach den Gedanken oder der negativen Einstellung, wodurch die Angst ausgelöst wird. Ein paar typische Beispiele sollen Ihnen die Suche erleichtern:

„Der Tacho ist schon auf 120! Viel zu schnell!"

„Ich müsste auch schneller fahren. Die anderen überholen doch mindestens mit 150 Sachen."

Schritt 3:
Welcher Teil wird angesprochen?

„Der Tacho ist schon auf 120! Viel zu schnell!" → Auto

„Ich müsste auch schneller fahren. Die anderen überholen doch mindestens mit 150 Sachen." → Verkehr

Schritt 4:
Den negativen Gedanken oder die Einstellung umwandeln

„120 ist eine gute Reisegeschwindigkeit. Da kann man gut mit dem Verkehr fließen."

„Ich kann auf der rechten Spur bleiben. Dann überholen natürlich viele andere. Wie schnell ich fahren will, entscheide ich."

Schritt 5:
Eine Karteikarte für den umgewandelten Gedanken anlegen

Legen Sie eine eigene Karteikarte für den bearbeiteten Gedanken an, indem Sie auf die eine Seite den alten, angstauslösenden Gedanken schreiben. Auf die Rückseite schreiben Sie den neuen, positiven Gedanken.

Schritt 6:
Wird Wissen oder Training benötigt?

- **Wissen:** Für viele ist Autobahn gleichbedeutend mit hoher Geschwindigkeit. Und sie sind ja auch gebaut, um zügiger als auf einer Landstraße mit maximal 100km/h voranzukommen. Doch daraus entsteht nicht die Pflicht zu rasen! Als eine Richtgeschwindigkeit werden beispielsweise 130km/h empfohlen. Man muss aber nicht so schnell fahren! LKWs fahren um die 100 km/h. Wem das genügt, der bleibt einfach hinter einem gleichmäßig fahrenden LKW, natürlich auf der rechten Spur. Wenn andere schneller wollen, können sie schließlich auf der linken Spur überholen.

Schritt 7:
Wo passt eine Entspannungsübung hin?

Da Sie sich im Verkehrsfluss befinden, gibt es keinen länger dauernden Moment für eine Entspannungsübung. Vielmehr sorgen Sie bereits vorher insgesamt für ein entspannteres Fahren, so dass dann bei diesem speziellen Vorhaben die positiven Gedanken und Ihre positive Einstellung vor und während der Aktion dazukommen.

SITUATIONEN AUF DER AUTOBAHN

Fahren durch Baustellen

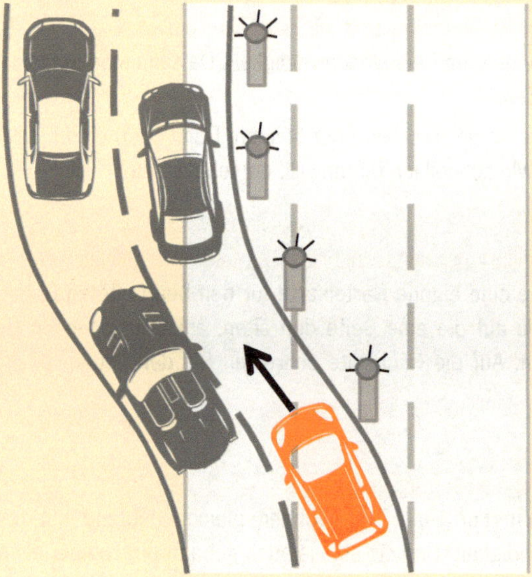

Abb. 21: Baustellen sind meistens eng und oft mit dem Fahren von Kurven verbunden. Hier kann beim Autofahren Angst aufkommen.

Schritt 1:
Welche Situation soll verändert werden?

Überlegen Sie, ob Sie diesen Moment der Angst auf der Autobahn auch kennen.

Schritt 2:
Den angstauslösenden Gedanken oder die Einstellung finden

Gehen Sie auf die Suche nach den Gedanken oder der negativen Einstellung, wodurch die Angst ausgelöst wird. Ein paar typische Beispiele sollen Ihnen die Suche erleichtern:

„Mist. Jetzt wird's eng!"

„Ich bleib besser auf der rechten Spur – die linke Spur ist ja nur noch so schmal."

Schritt 3:
Welcher Teil wird angesprochen?

„Mist. Jetzt wird's eng!" → Verkehr

„Ich bleib besser auf der rechten Spur – die linke Spur ist ja nur noch so schmal.“ → Verkehr

Schritt 4:
Den negativen Gedanken oder die Einstellung umwandeln

„Ich bleibe auf der rechten Spur, denn die hat immer eine gute Breite, etwa für die LKWs.“

„Klar, ich bleib auf der rechten Spur. Da hab ich genug Platz.“

Schritt 5:
Eine Karteikarte für den umgewandelten Gedanken anlegen

Legen Sie eine eigene Karteikarte für den bearbeiteten Gedanken an, indem Sie auf die eine Seite den alten, angstauslösenden Gedanken schreiben. Auf die Rückseite schreiben Sie den neuen, positiven Gedanken.

Schritt 6:
Wird Wissen oder Training benötigt?

- **Wissen:** Bei Baustellen besteht häufig die Sorge, dass die Fahrspuren sehr viel schmaler sind. Tatsächlich wird darauf vorher auch durch Schilder hingewiesen. Bedenken Sie aber, dass durch eine Baustelle auch die großen LKWs passen müssen. Oder die breiten SUVs. Deshalb werden bei einer Baustelle immer eine breitere rechte Spur und eine tatsächlich deutlich schmalere linke Überholspur eingerichtet. Da Sie vielleicht sowieso vorsichtiger, also auch langsamer fahren wollen, bleiben Sie auf der breiteren, rechten Spur.

Schritt 7:
Wo passt eine Entspannungsübung hin?

Da Sie sich im Verkehrsfluss befinden, gibt es keinen länger dauernden Moment für eine Entspannungsübung. Vielmehr sorgen Sie bereits vorher insgesamt für ein entspannteres Fahren, so dass dann bei diesem speziellen Vorhaben die positiven Gedanken und Ihre positive Einstellung vor und während der Aktion dazukommen.

SITUATIONEN AUF DER AUTOBAHN

Fahren bei zähfließendem Verkehr oder Stau

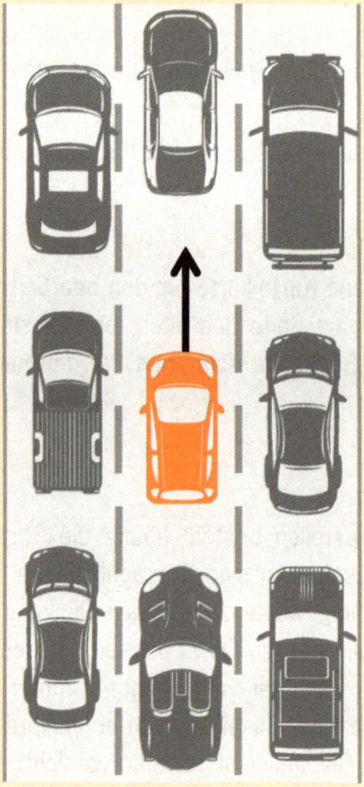

Abb. 22: Stop-and-go-Verkehr bei Stau ist für den Fahrer mit viel Konzentration verbunden.

Schritt 1:
Welche Situation soll verändert werden?

Überlegen Sie, ob Sie diesen Moment der Angst auf der Autobahn auch kennen.

Schritt 2:
Den angstauslösenden Gedanken oder die Einstellung finden

Gehen Sie auf die Suche nach den Gedanken oder der negativen Einstellung, wodurch die Angst ausgelöst wird. Ein paar typische Beispiele sollen Ihnen die Suche erleichtern:

„Obwohl ich bremse, braucht das Auto ewig, bis es zum Stehen kommt."

„Allein am Steuer bin ich auch für alles selbst verantwortlich. Das ist einfach zu viel für mich."

Schritt 3: Welcher Teil wird angesprochen?

„Obwohl ich bremse, braucht das Auto ewig, bis es zum Stehen kommt." → Auto

„Allein am Steuer bin ich auch für alles selbst verantwortlich. Das ist einfach zu viel für mich." → Fahrer

Schritt 4: Den negativen Gedanken oder die Einstellung umwandeln

„Ich passe meine Geschwindigkeit der Situation an – dann genügt das Bremsen immer, um auch rechtzeitig zum Stehen zu kommen."

„Ich fahre. Und ich kümmere mich um alles. Alles nacheinander und zu seiner Zeit."

Schritt 5: Eine Karteikarte für den umgewandelten Gedanken anlegen

Legen Sie eine eigene Karteikarte für den bearbeiteten Gedanken an, indem Sie auf die eine Seite den alten, angstauslösenden Gedanken schreiben. Auf die Rückseite schreiben Sie den neuen, positiven Gedanken.

Schritt 6: Wird Wissen oder Training benötigt?

- **Training:** Typisch für den Stau ist der häufige Wechsel zwischen Anfahren, langsam Fahren und Bremsen bis zum Anhalten. Das kennen Sie bereits vom Fahren in einer größeren Ortschaft mit vielen Ampeln oder aus der Stadt. Nehmen Sie sich für den nächsten Stau Folgendes vor: „Ich warte so lange, bis der Vordermann wirklich angefahren und ein paar Meter entfernt ist. Dann fahre auch ich los. Wird vor mir gebremst, stelle ich mich darauf ein. Zwischen mir und dem Vordermann lasse ich etwas Platz, weil man nicht „Stoßstange an Stoßstange" stehen muss."

Schritt 7: Wo passt eine Entspannungsübung hin?

Auch hier befinden Sie sich im Verkehrsfluss, daher gibt es eher keinen länger dauernden Moment für eine Entspannungsübung. Doch immer dann, wenn der Verkehr zum Stillstand kommt, ergibt sich ein Zeitfenster für eine Entspannungsübung. Sie haben dann ein positives Kontrastprogramm zu der bisherigen Situation, auf den Vordermann zu starren und sich laufend Gedanken zu machen, ob und wie es weitergeht.

Teil IV:
Services

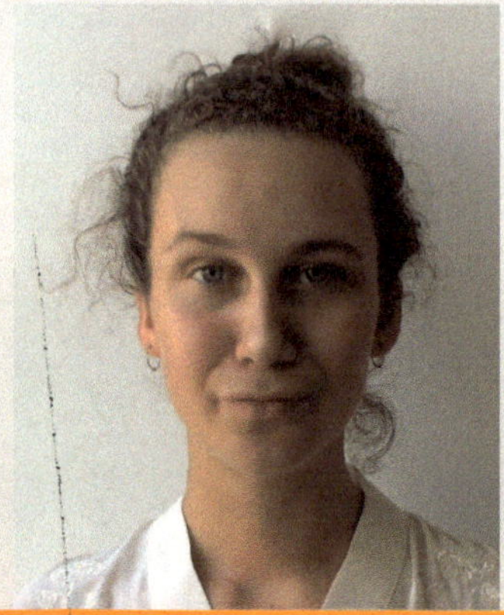

*Lina Fass, 20,
Krankenschwesterausbildung,
Berlin*

„Ich mag die Freiheit! Toll ist auch, schnell und einfach überall hinzukommen. Es macht mir auch richtig Spaß, lange Strecken zu fahren und nebenher Musik zu hören und meinen Gedanken freien Lauf zu lassen."

War es für dich selbstverständlich, den Führerschein zu machen?

Lina: Ja, auf jeden Fall. Der Führerschein war seit meinem 18. Geburtstag ein großes Thema für mich, mehr noch ein großer Wunsch. Hinzu kam, dass damals einige meiner Freunde schon den Führerschein hatten und andere gerade in der Fahrprüfung steckten. Insofern war für mich selbstverständlich, den Führerschein zu machen – symbolisierte er doch Freiheit und Erwachsensein für mich.

Wirklich in Angriff genommen habe ich den Führerschein aber erst, als klar war, dass ich nach dem Abi ein Freiwilliges Soziales Jahr in den USA machen werde. Hier war ein Führerschein Pflicht.

Eigentlich hättest du bereits mit 17 den Führerschein machen und danach in Begleitung fahren können. Das Angebot hast du aber nicht genutzt. Warum nicht?

Lina: Darüber nachgedacht habe ich schon. Diese Möglichkeit war auch durchaus verlockend, denn das richtige „fahren lernen" beginnt ja erst nach der Führerscheinprüfung, wenn man ohne Fahrlehrer im Auto sitzt. Aber ich steckte damals bis über beide Ohren in der Vorbereitung für das Abi und hatte leider keine Zeit.

Was fiel dir eigentlich in den praktischen Fahrstunden schwer?

Lina: Definitiv das seitliche Einparken! Und: Das schnelle Schalten, etwa auf der Stadtautobahn, fällt mir bis heute schwer. Deswegen fühle ich mich in einem Automatikauto deutlich wohler. Hier habe ich keinen Stress mit dem ständigen Schalten und muss mir auch keine Gedanken darüber machen, ob ich den Motor gleich abwürge.

Welche Verhaltensweisen deiner Fahrlehrerin waren hilfreich?

Lina: Eigentlich fallen mir da zuerst Dinge ein, die ich nicht hilfreich fand: Meine Fahrlehrerin hat mich ständig auf meine Fehler hingewiesen. Wenn ich mal etwas richtig gemacht habe, blieb das meistens unkommentiert. In den letzten Stunden vor der Fahrprüfung kam von ihr auch immer wieder der Satz: „Wenn ich dein Prüfer wäre, würde ich dich durchfallen lassen."

Das hat mich sehr unter Druck gesetzt. Autofahren war für mich deswegen meistens mit Stress und Anspannung verbunden.

Ich muss ihr aber zugutehalten, dass Sie mir trotzdem sicheres und vorausschauendes Fahren beigebracht hat. Gut war auch, dass zweimal andere Fahrschüler im Auto mitgefahren sind.

Beim Autofahren von hinten beobachtet zu werden, hat mich auf die Prüfungssituation gut vorbereitet.

Hast du einen Lerntipp für Fahrschüler?

Lina: Ja, den habe ich: Ich habe parallel zu den Fahrstunden einmal wöchentlich mit meinem Vater einen Übungsplatz besucht und auch das Einparken auf ruhigen Straßen geübt. Das hat mir sehr geholfen! Mein Vater hat mir aus seinem Erfahrungsschatz viele gute Tipps gegeben, die ich so von meiner Fahrlehrerin nicht erhalten habe.

Was empfindest du, wenn du an deine erste Autofahrt alleine (und mit Führerschein) denkst?

Lina: Eigentlich war ich nicht aufgeregt. Die Freude überwiegte, endlich ohne Fahrlehrerin im Auto zu sitzen. Aber trotzdem war ich sehr vorsichtig und bin mit Bedacht gefahren. Mir war wichtig, alles richtig zu machen, so als säße meine Fahrlehrerin noch immer neben mir. Das Fahren wurde dann aber nach einer Weile zur Routine.

Was magst du am Autofahren und was stört dich?

Lina: Ich mag die Freiheit! Toll ist auch, schnell und einfach überall hinzukommen. Es macht mir auch richtig Spaß, lange Strecken zu fahren und nebenher Musik zu hören und meinen Gedanken freien Lauf zu lassen. Wenn ich es genau betrachte, stört mich eigentlich am Autofahren nichts.

Gibt es Situationen, die dich besonders stressen oder dir Angst machen?

Lina: Ja, die gibt es durchaus: Der Stadtverkehr stresst mich sehr, vor allem wenn ich ein Schaltgetriebe fahren muss. Jeder will schnell ans Ziel, viele fahren zu dicht auf und oft passiert es, dass die Autofahrer das Reißverschlussprinzip nicht befolgen und dich partout nicht in eine Spur lassen, das sind Situationen, die mich wirklich stressen.

1 Die Fahrschulwahl

Gerade wenn es darum gehen soll, die Ängste beim Fahren und im Zusammenhang mit der Prüfung abzubauen, ist es wichtig, sich eine Fahrschule auszusuchen, die sich mit ängstlichen Schülerinnen und Schülern auskennt, auf schwierige Situationen hilfreich eingeht oder sich sogar auf ängstliche Menschen spezialisiert hat. Doch woran erkennt man eine solche Fahrschule? Und welche Bedingungen sind günstig in Bezug auf Ängste?

Eine Bemerkung ist an dieser Stelle vorauszuschicken: Gute Rahmenbedingungen führen nicht automatisch dazu, weniger Angst zu haben. Aber sie tragen dazu bei, die Ängste leichter abzubauen. Deshalb sind Sie selbst mit dem nettesten Fahrlehrer aller Zeiten nicht sofort angstfrei. Aber er wird Sie in jeder Situation versuchen zu unterstützen. Und damit trägt er dazu bei, Ihre Ängste abzubauen.

Worauf sollten Sie nun bei der Wahl der Fahrschule achten? Wie in vielen anderen Bereichen längst üblich, gibt es keine Zertifizierung von Fahrlehrern oder Fahrschulen, also etwa kein Gütesiegel. Das bedeutet, dass Sie sich selbst einen Eindruck verschaffen müssen, für den Sie ein paar Dinge berücksichtigen können.

Nutzen Sie Mundpropaganda und damit die guten und schlechten Erfahrungen anderer

Fragen Sie in Ihrem Umfeld nach, also Freunde, Bekannte oder Kollegen. Beachten Sie dabei natürlich, dass dies alles persönliche Eindrücke sind. Deshalb geben Sie sich nicht mit einem pauschalen Urteil zufrieden („Die Fahrschule ist perfekt!") sondern fragen Sie nach, was genau positiv gewesen ist. Zu den guten Erfahrungen gehören:

- eine freundliche Haltung des Personals und eine saubere, angenehme Atmosphäre der Räume,
- ein unterstützender, aufmerksamer, einfühlsamer und geduldiger Fahrlehrer, und zwar immer derselbe für alle Fahrstunden,
- eine Transparenz der Kosten.

Ist die Fahrschule Mitglied im regionalen Fahrlehrerverband?

Da es kein sonstiges Gütesiegel gibt, können Sie aus der Mitgliedschaft der Fahrschule schließen, dass sie freiwillig die geforderten Standards erfüllen will. Dies ist auch ein Weg, konkrete Adressen zu finden.

WISSEN

Fahrlehrerverband

Ihren Landesfahrlehrerverband finden Sie über die Homepage der Bundesvereinigung der Fahrlehrerverbände (www.fahrlehrerverbaende.de): auf einer Deutschlandkarte klicken Sie Ihre Region an, erhalten die Homepage des regionalen Landesfahrlehrerverbands und dort Fahrschulen in den einzelnen Orten, die Mitglied im Verband sind.

Achten Sie auf die Preise

Aufgrund des Fahrlehrergesetzes müssen die Preise genannt werden. Ein auffällig günstiger Grundbetrag kann aber durchaus über teurere Sonderfahrten ausgeglichen werden. Pauschalangebote sind übrigens unzulässig und äußerst unseriös, weil sie nicht auf die persönliche Lernsituation zugeschnitten sind. Bräuchten Sie beispielsweise zu Ihrer eigenen Sicherheit eine weitere Autobahnfahrt, kommen sofort zusätzliche Kosten dazu. Die Gesamtkosten setzen sich immer zusammen aus

- Grundbetrag (für Verwaltung und Theorieunterricht),
- Fahrstunden und Sonderfahrten (planen Sie zu den Pflichtstunden noch ca. 10–20 Fahrstunden ein),
- Vorstellungsgebühren für die theoretische und für die praktische Prüfung.

Spielt das Fahrzeug eine Rolle?

Grundsätzlich sollte das Fahrschulauto natürlich in einem offensichtlich guten Zustand sein. Ein neueres, sauberes Auto trägt auch zu Ihrer Sicherheit bei. Suchen Sie sich ruhig auch eine Fahrschule mit einem kleineren Auto aus – Sie müssen sich nicht zwingen, auf einem großen, für Sie zunächst unübersichtlichen Wagen zu lernen. Wenn Sie äußern, ein sehr ängstlicher Mensch zu sein, und darauf hinweisen, dass Sie diesen Ratgeber als Unterstützung verwenden möchten, dann sollte der Fahrlehrer die Fahrzeugfrage möglichst sogar von sich aus ansprechen.

Passt zu mir besser eine Fahrlehrerin oder ein Fahrlehrer?

Spielt das Geschlecht eine Rolle? Viele antworten auf diese Frage, dass ihnen eher die Chemie wichtig ist: Die sollte stimmen. Aber es kann sein, dass Sie beispielsweise als Frau eher schlechte Erfahrungen mit Männern in Bezug auf das Autofahren gemacht haben. Vielleicht bietet es sich dann an, es mit einer Fahrlehrerin zu probieren.

Woran erkenne ich einen guten Unterricht?

Dieser Aspekt beginnt schon mal mit der Frage, ob es Ihnen gestattet wird, an einer Theoriestunde probehalber teilzunehmen, damit Sie einen eigenen Eindruck bekommen. Sie würden also, bevor Sie einen verbindlichen Vertrag unterschreiben, mal „schnuppern" dürfen.

Der Unterricht selbst sollte interessant gestaltet sein. Das hängt von den didaktischen Fähigkeiten der Fahrlehrer ab. Dazu gehört auch, dass Fragen erwünscht sind und darauf eingegangen wird. Schließlich sollen Sie diese Zeit nicht einfach nur absitzen.

Bewertungsportale im Internet

Für dort abgegebene Bewertungen gilt noch mehr Vorsicht, als wenn Sie sich im Bekanntenkreis umhören. Dort können Sie ja, wie bereits erwähnt, nachfragen. Bei einem Bewertungsportal ist das nicht möglich, so dass deren Bewertungen nur dann hilfreich sind, wenn sie seriös erläutert werden. Beleidigende Formulierungen wären beispielsweise ein deutlicher Hinweis auf mangelnde Seriosität. Das Portal www.finde-deine-fahrschule.de ermöglicht Bewertungen, doch sind dort regional unterschiedlich viele Fahrschulen bisher aufgeführt. Es spricht daher vieles dafür, dass Sie sich vor Ort einen eigenen ersten Eindruck verschaffen sollten und dazu die o.g. Hinweise nutzen.

Spezielle Fahrschulen für Fahrängstliche: die „Angsthasen-Fahrschule"

Immer mehr Fahrschulen gehen darauf ein, ängstlichen Fahrschülern die nötige Aufmerksamkeit zu widmen. Am deutlichsten wird das bei den Fahrschulen, die unter dem Begriff „Angsthasen-Fahrschule" laufen oder die gezielt darauf hinweisen, dass sie auf ängstliche Fahrschüler entsprechend eingehen. Hier können Sie damit rechnen, dass Ihre Idee, gemeinsam mit diesem Ratgeber den Unterricht zu absolvieren, gern aufgegriffen wird. Hier ein paar Beispiele von Fahrschulen, die sich dem Thema Angst mit speziellen Angeboten widmen:

INTERNET

Eine Auswahl nützlicher Anlaufstellen im Internet:

Homepage der Fahrlehrerin und Diplom-Psychologin Alexandra Bäricke:
www.angstfrei-autofahren.de

Autoclub der Angsthäsinnen in Magdeburg:
www.beratungsstelle-frauen-familien.de/auto.html

Homepage der Fahrschule „Schaffen Wir GmbH" in Berlin-Neukölln:
www.schaffenwir.de

Angsthasenausbildung und Auffrischungsstunden mit dem Fahrlehrer Michael Borucu in Berlin-Charlottenburg:
www.michas-fahrschule-berlin.de

Fahrschule „Miecke“ und Fahrschule „Haybach“ in Andernach (Mittelrhein), Wiedereinstieg für Angsthasen mit Führerschein:
www.fahrschule-miecke.vvr.de

Homepage der Fahrschule „Dagmar“ von Dagmar Kanter in Dresden:
www.angsthasen-fahrschule.de

Fahrschule „Borchardt“ in Roßleben bei Erfurt:
www.fahrschule-borchardt.de

Ist ein Wechsel der Fahrschule möglich?

Es kann passieren, dass Sie trotz einer sorgfältigen Auswahl vielleicht eine Fahrschule erwischt haben, in der Sie sich überhaupt nicht gut aufgehoben fühlen. Vielleicht geht man auf Ihre Ängste doch nicht sensibel und gezielt ein. Wenn Sie zu einer anderen Fahrschule wechseln wollen, dann sollten Sie wissen, dass Ihre Unterlagen mit den bisher geleisteten Stunden weitergegeben werden. Sie fangen also nicht wieder ganz von vorn an, sondern an der Stelle, wo Sie unterbrochen haben. Bedenken Sie, dass es trotzdem ein paar Stunden braucht, sich an die neue Fahrschule zu gewöhnen.

2 Die Führerscheinklassen

Im Zusammenhang mit diesem Ratgeber sind zwei Dinge in Bezug auf die verschiedenen Führerscheinklassen von Bedeutung: Da ist zum einen natürlich die Grundinformation, welche Fahrerlaubnis sich hinter einer Bezeichnung verbirgt, so dass Sie die für Ihre Wünsche oder Notwendigkeiten passende Führerscheinklasse in Tabelle 1 finden.

Für den Abbau von Ängsten haben Sie zum anderen bereits erfahren, dass es hilfreich ist, die genauen Rahmenbedingungen, beispielsweise der praktischen Fahrprüfung zu kennen. Es ist interessant, dass grundsätzlich die reine Fahrzeit bei einer Prüfung viel kürzer ist als die eigentliche Prüfungsdauer. Die Dauer ist festgelegt und Sie können der Tabelle 2 entnehmen, wie viel Zeit dafür bei Ihrer Führerscheinklasse vorgesehen ist.

Im Zusammenhang mit der EU wurden die Führerscheinklassen überarbeitet und seit Anfang 2013 gelten folgende Führerscheinklassen:

PKW-Klassen

B	Mehrspurige Fahrzeuge mit einem maximalen Gesamtgewicht von 3.500 kg für höchstens acht Personen + Fahrer. Anhänger sind erlaubt bis 750 kg Gewicht (wenn mehr als 750 kg, dann dürfen Fahrzeug + Anhänger ein Gesamtgewicht von 3.500 kg nicht überschreiten) Mindestalter: 18 Jahre bzw. 17 Jahre beim Begleiteten Fahren (BF17) Sie haben automatisch auch die Klassen AM und L erworben
BE	Gilt für Fahrzeugkombinationen aus einem Fahrzeug der Klasse B und einem Anhänger mit bis zu 3.500 kg Gewicht, man muss bereits im Besitz der Klasse B sein Mindestalter: 18 Jahre bzw. 17 Jahre beim Begleiteten Fahren (BF17)
B96	Gilt für Fahrzeugkombinationen aus einem Fahrzeug der Klasse B und einem Anhänger mit mehr als 750 kg Gewicht. Die Fahrzeugkombination darf ein Gesamtgewicht über 3.500 kg haben, höchstens jedoch 4.250 kg, man muss bereits im Besitz der Klasse B sein Mindestalter: 18 Jahre bzw. 17 Jahre beim Begleiteten Fahren (BF17)

Motorrad-Klassen

AM	Der „Mopedschein" gilt für zwei- oder dreirädrige Kleinkrafträder oder vierrädrige Leicht-KFZ mit höchstens 50 cm^3 Hubraum und einer bauartbedingten Höchstgeschwindigkeit von bis zu 45 km/h Mindestalter: 16 Jahre
A1	Leichtkrafträder mit höchstens 125 cm^3 Hubraum und einer maximalen Motorleistung von 11 kW. Und dreirädrige Leicht-KFZ bis 15 kW. Beide mit einer bauartbedingten Höchstgeschwindigkeit von bis zu 45 km/h Mindestalter: 16 Jahre Sie haben automatisch auch die Klasse AM erworben
A2	Krafträder mit mehr als 50 cm^3 Hubraum, bis 35 kW oder höchstens 0,2 kW/kg Mindestalter: 18 Jahre Sie haben automatisch die Klassen AM und A1 erworben

A	Krafträder mit mehr als 50 cm^3 Hubraum oder mehr als 45 km/h bauartbedingte Höchstgeschwindigkeit Mindestalter: 20 Jahre bei Besitz der Klasse A2 bzw. 24 Jahre bei Direkteinstieg Dreirädrige Kraftfahrzeuge mit mehr als 50 cm^3 Hubraum oder mehr als 45 km/h bauartbedingte Höchstgeschwindigkeit Mindestalter: 21 Jahre Sie haben automatisch auch die Klassen AM, A1 und A2 erworben
LKW-Klassen	
C1	Leichtere LKW: zwischen 3.500 und 7.500 kg Gesamtgewicht, auch mit Anhänger bis 750 kg. Beförderung von bis zu acht Personen + Fahrer Man muss bereits im Besitz der Klasse B sein Mindestalter: 18 Jahre
C1E	Leichtere Lastzüge: Fahrzeugkombinationen aus einem Fahrzeug der Klasse C1 und einem Anhänger mit mehr als 750 kg, wenn das Gesamtgewicht der Fahrzeugkombination 12.000 kg nicht übersteigt. Oder Fahrzeugkombinationen aus einem Fahrzeug der Klasse B und einem Anhänger mit mehr als 3.500 kg, wenn das Gesamtgewicht der Fahrzeugkombination 12.000 kg nicht übersteigt Man muss bereits im Besitz der Klasse C1 sein Mindestalter: 18 Jahre Sie haben automatisch auch die Klassen BE und D1E erworben, wenn die Berechtigung für die Klasse D1 vorliegt
C	Schwere LKW: Kraftfahrzeuge mit einem Gesamtgewicht von mehr als 3.500 kg, auch mit Anhänger bis 750 kg. Beförderung von bis zu acht Personen + Fahrer Man muss bereits im Besitz der Klasse B sein Mindestalter: 21 Jahre Sie haben automatisch auch die Klasse C1
CE	Schwere Lastzüge: Fahrzeugkombinationen aus einem Fahrzeug der Klasse C und einem Anhänger mit mehr als 750 kg Man muss bereits im Besitz der Klasse C sein Mindestalter: 21 Jahre Sie haben automatisch auch die Klassen BE, C1E und D1E erworben, wenn die Berechtigung für die Klasse D1 vorliegt. Außerdem Klasse DE, wenn die Berechtigung für die Klasse D vorliegt

Bus-Klassen	
D	Omnibusse mit mehr als 16 Fahrgastplätzen, mit Anhänger bis 750 kg
DE	Omnibusse mit mehr als 16 Fahrgastplätzen, mit Anhänger über 750 kg
D1	Omnibusse mit 8–16 Fahrgastplätzen, mit Anhänger bis 750 kg
D1E	Omnibusse mit 8–16 Fahrgastplätzen, mit Anhänger über 750 kg Das Mindestalter beträgt 21 Jahre, im Rahmen der Berufskraftfahrerausbildung 18 Jahre
Sonder-Klassen Zugmaschinen für land- und forstwirtschaftliche Zwecke, Traktoren	
T	max. 40 km/h bauartbestimmte Höchstgeschwindigkeit (mit Anhänger dürfen nur max. 25 km/h gefahren werden)
L	max. 60 km/h bauartbestimmte Höchstgeschwindigkeit Das Mindestalter beträgt 16 Jahre (max. 40 km/h) bzw. 18 Jahre (40–60 km/h)

Tab. 1: Die Führerscheinklassen im Überblick

	Prüfungsdauer	reine Fahrzeit
Klasse A	60 Minuten	25 Minuten
Klasse A1	45 Minuten	25 Minuten
Klasse B	45 Minuten	25 Minuten
Klasse BE	45 Minuten	25 Minuten
Klasse C	75 Minuten	45 Minuten
Klasse CE	75 Minuten	45 Minuten
Klasse C1	75 Minuten	45 Minuten
Klasse C1E	75 Minuten	45 Minuten
Klasse D	75 Minuten	45 Minuten
Klasse DE	70 Minuten	45 Minuten
Klasse D1	75 Minuten	45 Minuten
Klasse D1E	70 Minuten	45 Minuten
Klasse T	60 Minuten	30 Minuten

Tab. 2: Die Prüfungsdauer und tatsächliche Fahrzeit je nach Führerscheinklasse

3 Die Führerscheinprüfung: gezielte Vorbereitung und der typische Ablauf

In diesem Kapitel werden die tatsächlichen Rahmenbedingungen der Prüfungen erläutert, damit Sie zum einen den genauen Ablauf kennen und nichts überraschend auf Sie zukommt. Zum anderen kann daraus nämlich auch abgeleitet werden, wie Sie sich ideal auf die Prüfungsteile vorbereiten können.

Wann ist der richtige Zeitpunkt für die Anmeldung zur Prüfung?

Da gibt es zunächst eine offizielle Regelung durch den Gesetzgeber: die theoretische Prüfung darf drei Monate vor dem 18. Geburtstag abgelegt werden, die praktische Prüfung einen Monat vorher. Diese Zeiten gelten entsprechend für das begleitete Fahren (BF17), dann eben bezogen auf den 17. Geburtstag. **BF17**

Den richtigen Zeitpunkt für die Prüfung wird Ihnen Ihr Fahrlehrer vorschlagen, er kann es aufgrund seiner Erfahrung schon einschätzen, doch prüfen Sie auch für sich, ob Sie sich im Straßenverkehr einigermaßen sicher fühlen. Falsch ist es, wenn der Führerschein nicht so teuer werden soll und man deshalb auf Fahrstunden verzichten will. Das rächt sich, denn wenn Sie zu unsicher in die Prüfung gehen und dann doch durchfallen, kommen nämlich wesentlich höhere Kosten durch die Wiederholungsprüfung auf Sie zu. Auf der anderen Seite wird Ihr Fahrlehrer den Vorschlag nur dann machen, wenn er Ihnen die Prüfung zutraut, weil sonst ja auch sein Ruf als „guter Fahrlehrer" darunter leiden würde. Erfahrungen zeigen, dass etwa 30 Fahrstunden die Regel sind, doch kann das natürlich individuell auch mehr oder weniger sein.

Der typische Ablauf einer Führerscheinprüfung

Da der Erwerb der Fahrerlaubnis eine höchst offizielle Sache ist, verläuft die Führerscheinprüfung natürlich nicht nach Zufall. Vielmehr ist der Ablauf durch Prüfungsrichtlinien klar geregelt und läuft daher für alle Beteiligten gleich ab. Das heißt, der Prüfer darf sich nicht einfach zusätzliche Dinge ausdenken, sondern bewegt sich in einem festgelegten Spielraum.

Eine Führerscheinprüfung besteht aus zwei Teilen – einer theoretischen und praktischen Prüfung. Die Theorieprüfung wird zuerst abgelegt.

3.1 Die theoretische Prüfung

Anmeldung, Ort und Dauer

Die theoretische Prüfung wird beim TÜV (gilt für die alten Bundesländer) oder bei der Dekra (gilt für die neuen Bundesländer) abgelegt – in Berlin geht beides.

Für die Anmeldung durch die Fahrschule musste Ihr Fahrlehrer bereits bescheinigen, dass Sie alle notwendigen Unterrichtseinheiten mitgemacht haben. Sie selbst bringen zur Prüfung die Anmeldegebühr und unbedingt Ihren Ausweis mit.

Es gibt einen empfohlenen Erfahrungswert, wie lange die meisten für die Beantwortung der Fragen benötigen. Denn grundsätzlich werden 45 Minuten Dauer eingeplant. Aber Sie dürfen auch schneller fertig werden und länger zu benötigen, ist auch kein Problem. Also wundern Sie sich nicht darüber, wenn andere Prüflinge den Raum bereits verlassen. Sie nehmen sich die Zeit, die Sie brauchen. Im Übrigen kommen bei laufenden Prüfungen sowieso neue Personen/Prüflinge dazu und die schon vor Ihnen begonnen haben, sind natürlich früher fertig und verlassen deshalb den Raum.

Einzelprüfung statt Gruppenprüfung

Sollten Sie diesen Ratgeber vor allem wegen Ihrer Prüfungsängste lesen, dann ist es für Sie eine wichtige Information, dass Sie die Theorieprüfung auch allein ablegen dürfen. Das ist möglich, allerdings nur gegen Aufpreis wegen der aufwändigeren Organisation. Ihr Vorteil könnte sein: Sie erleben weniger Druck und sind weniger abgelenkt durch die Anwesenheit anderer, die sich ständig am PC weiterklicken oder schneller fertig sind. Sprechen Sie Ihren Fahrlehrer darauf an, damit er das bei der Anmeldung für Sie berücksichtigt.

Einzelprüfungen sind grundsätzlich immer dann vorgesehen, wenn Hilfestellungen gegeben werden müssen, weil es irgendeine Art von Einschränkung gibt. Eine mündliche Prüfung statt der Prüfung am PC würde beispielsweise für Analphabeten organisiert werden.

Die eigentliche Prüfung

Clips

Die Beantwortung der Theoriefragen erfolgt am PC. Dadurch sind auch Clips möglich und es erfolgt eine schnelle Auswertung. Sie kennen das Programm bereits aus der Fahrschule. Der Gebrauch des Computerprogramms wird zu Beginn noch einmal erläutert – Sie brauchen quasi keine PC-Vorkenntnisse. Doch ich empfehle unbedingt, dass Sie die Möglichkeit nutzen, vorher am PC zu üben. Das können Sie in der Fahrschule machen oder viel einfacher und häufiger mit einem Programm zu Hause. Denn genauso wird der Bildschirm auch bei TÜV und DEKRA aussehen und Sie kennen damit den genauen Ablauf der theoretischen Prüfung. Der Vorteil ist, dass Sie sich ganz auf die Fragen und Antworten konzentrieren können und nicht vordergründig mit technischen Fragen zum PC-Gebrauch beschäftigt sind.

WISSEN

Prüfungsfragen

Es gibt jedes Jahr offiziell festgelegte Prüfungsfragen und Clips. Aus 950 aktuellen Fragen werden rund 30 Fragen ausgewählt. Und von den 51 bestehenden Kurzfilmen sind immer zwei Clips Bestandteil der Prüfung.

Zu jeder Frage erhalten Sie mehrere Antworten. Es können immer eine oder auch mehrere Antworten richtig sein (Multiple-Choice-Fragen).

Achten Sie genau auf verdreht gestellte Fragen, etwa mit Verneinungen, damit Ihnen kein Flüchtigkeitsfehler passiert.

Erst seit 2014 gibt es in der Theorieprüfung diese ca. 15 Sekunden langen, computersimulierten Filme. Zunächst schaut man sich den Film aufmerksam an. Es geht also darum, erst einmal eine Verkehrssituation grundsätzlich zu erfassen. Dazu darf man sich den Kurzfilm übrigens 5-mal ansehen, wozu die Prüfung Ihnen auch genügend Zeit lässt. Das Programm sagt Ihnen, wie oft Sie sich den Film noch anschauen dürfen. Erst dann klicken Sie an „Zur Aufgabenstellung". Dann erfährt man die eigentliche Frage und hat drei Antwortmöglichkeiten zum Auswählen.

INTERNET

Alle aktuell gültigen Prüfungsfragen und Kurzfilme kann man hilfreicher Weise wie in der echten Prüfung auf der Webseite „Theoretische online Führerscheinfragen" einsehen und üben: https://www.jungesportal.de/fuehrerschein/theoretische-onlinepruefung.php

Wie Sie sich am besten auf den theoretischen Teil der Prüfung vorbereiten

Für die Theorie sollten Sie sich vornehmen, wirklich zu lernen, denn aus dem großen Fragenkatalog werden zwar nur rund 30 Fragen ausgewählt, aber Sie müssen ja trotzdem alle möglichen Antworten kennen. Sie bereiten sich also auf alle 950 Fragen vor, die teilweise unterschiedlich je nach Führerscheinklasse sind:

Das heißt, es gibt einerseits für alle gültige Fragen (z.B. solche zur Vorfahrt) und dann noch zusätzliche Fragen zu den Fahrzeugen, deren Erlaubnis man erwirbt (z.B. beim LKW: eine Frage zur erlaubten Geschwindigkeit in Abhängigkeit vom Fahrzeuggewicht).

Die Erfahrung zeigt: Fahrschüler, die in ihrer Fahrschule mit den dort vorhandenen CDs und DVDs üben, haben eine größere Chance, auch zu bestehen. Nun müssen Sie nicht unbedingt in Ihrer Fahrschule üben, weil es ja auch Prüfungsprogramme für den eigenen PC zu Hause gibt. Das kann besser passen, weil Sie die Übungsmomente und die Häufigkeit des Übens selbst bestimmen können. Achten Sie dann unbedingt darauf, dass so ein Programm genau die Fragen enthält, die auch in dem so genannten „Amtlichen Fragenkatalog“ aufgeführt sind. Dieser Fragenkatalog ist nämlich offiziell gültig und Sie trainieren dann genauso, wie die Fragen auch in der Prüfung erscheinen. Nutzen Sie alle Möglichkeiten, die sich Ihnen bieten, um den „Ernstfall“ zu proben. Eine gute Fahrschule macht in den letzten Unterrichtsstunden das Angebot, auf diese Art eine Prüfung zu simulieren. Nutzen Sie die Chance, damit nicht nur Ihren Wissensstand zu überprüfen („Hätte ich bestanden?“), sondern auch Lücken in Ihrem Wissen zu entdecken und vor allem, den Ernstfall kennenzulernen.

Einen guten Lernerfolg erzielen Sie übrigens mit folgendem Vorgehen

Verteilen Sie die Beschäftigung mit den Aufgaben auf viele kleine Lerneinheiten – statt nur auf eine große Lernphase kurz vor der Prüfung. Das Wissen kann sich dadurch gut verfestigen und steht Ihnen viel zuverlässiger zur Verfügung. Man könnte es auch so formulieren: Sie haben die Dinge wirklich gelernt und wissen sie. Beim kurzfristigen Lernen wird es Ihnen dagegen passieren, dass Sie Situationen in der Prüfung zwar irgendwie wiedererkennen, doch die eindeutig richtigen Antworten sind nicht abrufbar. Dann kommt es Ihnen so vor, als ob die vorgegebenen Antworten alle passen könnten. Doch wirklich sicher wissen Sie es nicht.

CHECKLISTE

Theoretische Prüfung

- Seien Sie frühzeitig da, ganz ohne Hektik und ausgeruht.
- Bringen Sie einen Ausweis mit (Personalausweis oder Reisepass).
- Sie haben viel Zeit, lesen Sie deshalb die Fragen in Ruhe durch, bevor Sie eine Antwort geben.
- Denken Sie daran: Es können immer auch mehrere Antworten gelten.
- Markieren Sie eine Frage, wenn Sie einfach nicht vorankommen oder eine Blockade habe. Gehen Sie zur nächsten Frage, denn die markierten Fragen können am Schluss immer noch beantwortet werden.
- Machen Sie sich vertraut mit der Technik, wie die Fragen beantwortet werden. Dann wissen Sie sicher, dass das Programm Ihnen die noch nicht beantworteten Fragen wieder vorlegt. Und Sie können Antworten jederzeit noch korrigieren.

▸ Bevor Sie sich entscheiden abzugeben, fragt das Programm deutlich, ob Sie wirklich abgeben wollen. Ein zu schneller, abschließender Klick ist also nicht möglich.

3.2 Die praktische Prüfung

Anmeldung, Ort und Dauer

Damit Sie überhaupt teilnehmen dürfen, müssen Sie zunächst alle 12 Pflichtstunden à 45 Minuten absolviert haben: fünf Fahrstunden auf Überlandstraßen, vier Autobahnfahrten und drei Stunden bei Dunkelheit. Und die wichtigste Voraussetzung ist die bereits bestandene Theorieprüfung.

Die Prüfung kann an jedem festgelegten Prüfpunkt starten, häufig ist dies die nächste TÜV- bzw. DEKRA-Niederlassung. Zunächst prüft der Prüfer Ihre Identität mit Ihrem Ausweis. Schließlich sollen es ja wirklich Sie sein, damit nicht jemand anderes für Sie die Prüfung ablegt. Außerdem bezahlen Sie nun die Prüfungsgebühren.

Die Gesamtdauer wird ca. 45 Minuten sein. Das kennen Sie schon von den Fahrstunden. Doch die reine Fahrzeit brauchen nur 25 Minuten zu sein. Die übrige Zeit wird nämlich benötigt, weil der Prüfer Ihnen zu Beginn den Ablauf erläutern muss und dann am Ende noch eine Rückmeldung gibt. Sollten Sie durchgefallen sein, muss er Ihnen das nämlich erläutern. Haben Sie bestanden, dann kann er Ihnen den Führerschein überreichen und wird Ihnen dazu gratulieren.

Ein Tipp für die Fahrprüfung

Sammeln Sie nicht Ihre möglichen kleinen Fehler, als wären Sie Ihr eigener Prüfer. Denn dann warten Sie nur auf den nächsten Fehler (der dann wahrscheinlich auch noch passiert) und vor allem auf die Summe aller Fehler: Wann reicht es dem Prüfer und er lässt mich durchfallen? So arbeiten Sie mit Ihrer gesamten Wahrnehmung auf eine nicht bestandene Prüfung hin. Fehler führen nämlich nicht automatisch zum Durchfallen. Beim Einparken darf man beispielsweise einen Fehler zweimal korrigieren und man ist nicht sofort durchgefallen, nur weil man etwas zu schräg in die Parklücke fährt und dadurch den Bordstein mit dem rechten Hinterreifen berührt. Lesen Sie mehr dazu im Kapitel 5 „Nicht bestanden, was dann?“

Wie Sie sich am besten auf den praktischen Teil der Prüfung vorbereiten

Eigentlich haben Sie ein systematisches Training bereits hinter sich. Denn jede einzelne Fahrstunde findet, genauso wie die Prüfung selbst, im echten, „fließenden“ Verkehr, also mit vielen unvorhersehbaren Situationen, statt. Ihr Fahrlehrer hat ähnlich wie später der Prüfer typische Anweisungen gegeben. Er hat außerdem während der Fahrt wichtige Hinweise gegeben. Nützlich ist es, dass Ihr Fahrlehrer auch typische Prüfungsstrecken auswählt, diese mit Ihnen abfährt und Sie auf die Besonderheiten aufmerksam gemacht hat. In der Prüfung selbst kann es dadurch eigentlich keine völlig unbekannten Überraschungsmomente mehr geben. Bitten Sie Ihren Fahrlehrer doch auch, dass er sich einen Teil der vorbereitenden Fahrstunden mal so verhält, wie es der Prüfer auch tut. Sie simulieren damit die Prüfung und das hat einen deutlichen Übungseffekt.

Hilfreich ist es auch, sich mit dem Fahrlehrer vorher 10–15 Minuten einzufahren, quasi wie das Aufwärmen vor einem Sport. Dies könnte beispielsweise der Weg zum Prüfpunkt sein. Dann kommt der Prüfer dazu und Sie fahren im Prinzip weiter.

CHECKLISTE

Praktische Prüfung

- Sprechen Sie mit Ihrem Fahrlehrer genau ab, wo die Fahrprüfung beginnt. Finden Sie heraus, wie Sie dorthin kommen und wie lange Sie brauchen.
- Seien Sie frühzeitig da, ganz ohne Hektik und ausgeruht. Mit einem ruhigen Schritt signalisieren Sie sich Zeit und Ruhe.
- Bringen Sie einen Ausweis mit (Personalausweis oder Reisepass).
- Tragen Sie bequeme Kleidung und vor allem passende, also flache Schuhe. Am besten wählen Sie Schuhe, mit denen Sie auch schon während der Fahrstunden gut zurechtgekommen sind.
- Benötigen Sie eine Brille nur beim Autofahren? Legen Sie sich die Brille zu Hause so hin, dass Sie diese auf keinen Fall vergessen.

- Schalten Sie Ihr Handy aus, damit es Sie nicht ablenkt. Benutzen dürfen Sie es am Steuer ja sowieso nicht.
- Es erwarten Sie Ihr Fahrlehrer und der Prüfer. Dieser wird sich Ihnen vorstellen und zur Auflockerung mit Ihnen ein paar Worte wechseln. Nutzen Sie diesen Small Talk, um statt des „bösen Prüfers" einen Menschen kennenzulernen.
- Der Prüfer muss Ihnen zu Beginn den Ablauf der Prüfung erläutern. Haben Sie noch eine Frage zum Ablauf? Fragen Sie den Prüfer.
- Haben Sie während des Fahrens die nächste Anweisung vielleicht nicht richtig verstanden? Fragen Sie ruhig nach.

4 Online-Tool, Apps und der Fahrsimulator

Grundsätzlich ist die Idee gut, für das Lernen verschiedene Medien zu benutzen, da dadurch möglichst viele Sinne angesprochen werden. Dies erleichtert dem Gehirn das Lernen und Behalten. Der theoretische Unterricht in der Fahrschule und die einzelnen Fahrstunden sind wertvolle Grundlagen. Doch die Teilnahme allein genügt nicht. Zu Hause oder auch an jedem anderen, ruhigen Ort muss das neue Wissen dem Gehirn immer wieder angeboten werden. Für dieses eigentliche Lernen können Online-Tools, Apps und Simulatoren sehr hilfreich sein, denn damit können Sie jederzeit neue Inhalte lernen oder altes Wissen überprüfen und auffrischen.

Die Theorie lernen

Viele Fahrschulen benutzen im Theorieunterricht als Grundlage das kostenpflichtige Online-Trainingstool „Fahren Lernen Max" aus dem Verlag Heinrich Vogel. Dazu gehört auch noch ein begleitendes Handbuch. Mit dem Programm lernen Sie von einer leichten, mittleren und schweren Stufe hin zur Stufe 4, der Prüfungssimulation. Sie bekommen eine Rückmeldung zu Ihrem Lernfortschritt bis hin zu der Beurteilung Ihrer Prüfungsreife. In einer Lernbox können Sie gezielt die falsch beantworteten Fragen wiederholen. Außerdem ist die Vor- und Nachbereitung der Fahrstunden möglich.

APP-TIPP

Kostenlos, allerdings nur für seine Autoclub-Mitglieder, bietet der ADAC die App „ADAC-Führerschein" an. Es gibt Versionen für Android und iOS und ist damit auf allen Geräten synchronisierbar. Damit haben Sie Ihren aktuellen Lernfortschritt immer dabei. Tatsächlich kostenlos für Android ist die App „Prüfungsquiz junges-fahren" vom Deutschen Verkehrssicherheitsrat. Andere kostenlose Apps sind mit Werbung versehen. Wer darüber hinwegsehen kann, ist damit sicher auch gut versorgt. Achten Sie darauf, dass Updates immer den aktuellen Stand der Prüfungsfragen garantieren.

Wie funktioniert das Computerprogramm für die theoretische Prüfung?

Auf www.fahrerlaubnis.tuev-dekra.de/quiz.php können Sie kostenlos eine echte Prüfung durchspielen, aber vor allem auch die Benutzung des Programms mit dem „Einführungsprogramm" kennenlernen. Dazu gehört beispielsweise, was Sie wo anklicken müssen und wie Sie einzelne Befehle benutzen. Sie erfahren beispielsweise schon im Vorfeld, dass das Programm Ihnen zeigen wird, wie viele Fragen noch unbeantwortet sind. Und am Schluss zeigt Ihnen diese Demoversion natürlich auch, wie man die Prüfung endgültig abgibt. Dabei werden Sie nämlich zur Sicherheit gefragt werden, ob Sie wirklich abgeben wollen. So können Sie sich mit der Prüfung am PC vertraut machen und dann auch gleich eine Prüfung mal ablegen, inklusive Ergebnis. Wenn Sie den technischen Teil kennen, können Sie sich in der Prüfung mehr auf das Inhaltliche und auf die Beantwortung der Fragen konzentrieren.

Die Fahrpraxis üben: Fahrsimulator in Ihrer Fahrschule

Abb. 23: Das Üben im Fahrsimulator ist sinnvoll.

Es könnte ein Auswahlkriterium bei der Suche nach der passenden Fahrschule sein, ob diese einen Fahrsimulator hat. Dieser wurde übrigens vom selben Verlag entwickelt, wie das beschriebene Online-Tool und heißt entsprechend „Vogel-Simulator“. Der Simulator besteht aus einem verstellbaren Sitz und drei Bildschirmen, so dass Sie den Eindruck einer echten Autofahrt bekommen. Sie können ohne Druck und Beobachtung für sich allein üben. Dies ist ein zusätzlicher Service einer Fahrschule und natürlich kostenpflichtig. Für sehr Ängstliche kann es einen Anfang ermöglichen, um nicht gleich auf der Straße mit einem echten Auto zu beginnen.

5 Nicht bestanden, was dann?

Statistiken, die für jedes Bundesland geführt werden, zeigen auf, dass ca. ein Drittel aller Prüfungen nicht bestanden wurde. Umgekehrt heißt das: Zwei Drittel schaffen es und bestehen! Da es selbst mit einer guten Vorbereitung theoretisch passieren könnte, dass Sie durchfallen, macht es Sinn, sich diesen Ernstfall einmal anzuschauen. Vermeiden Sie die quälenden Gedanken, versagt zu haben. Schauen Sie stattdessen auf Ihre Möglichkeiten, die Sie nun haben.

Durchfallen

Denn Durchfallen ist eigentlich gar nicht so leicht. Die Statistik zeigt, dass das eher bei der Theorie (29 % Durchfallquote) als bei der Fahrprüfung (25 %) passiert. Umso ärgerlicher ist es vielleicht, wenn Sie die Prüfung nicht auf Anhieb bestanden haben. Eindeutig ist ein grober Vorfahrtfehler mit entsprechender Verkehrsgefährdung. Dann würde der Prüfer aber üblicherweise sofort abbrechen. Der andere eindeutige Fall tritt dann ein, wenn der neben Ihnen sitzende Fahrlehrer seine Pedale benutzt, also in eine gefährliche Situation eingreifen muss. Dazu ertönt für den Prüfer ein Signal und eine Lampe leuchtet auf – dieses System ist sonst in den Fahrstunden ausgeschaltet gewesen, obwohl ja auch dort Ihr Fahrlehrer mehrmals eingegriffen hatte.

Nicht sofort durchgefallen ist man, wenn man beispielsweise beim Anfahren an einer Ampel den Wagen abwürgt und neu starten muss. Vielmehr beobachtet der Prüfer, wie souverän Sie mit diesem kleinen Missgeschick umgehen. Denn das kann mal passieren, darf sich aber nicht in der Prüfung häufen. Der Prüfer darf einen Fehler in Relation zur sonstigen Fahrleistung sehen. Versuchen Sie deshalb nach so einem Fehler normal weiterzufahren. Die Fehler werden am Ende der Fahrt gemeinsam mit Ihnen besprochen und ausgewertet. Denn es gibt eine offizielle Prüfungsrichtlinie, in der beschrieben wird, dass beispielsweise Vorfahrtsfehler, zu schnelles, aber auch übervorsichtiges, verkehrsbehinderndes, langsames Fahren zum Ergebnis „Durchgefallen" führen.

Sofort am Ende der Fahrt erfahren Sie Ihr Ergebnis. Haben Sie bestanden und sind bereits volljährig, dann bekommen Sie den Führerschein gleich ausgehändigt – wer noch nicht alt genug ist, holt ihn sich dagegen ab dem Geburtstag dann ab.

Wenn Sie in der theoretischen Prüfung durchgefallen sind

Die theoretische Prüfung dürfen Sie bereits nach 14 Tagen wiederholen. Wenn Sie in diesen Wochen genügend Zeit zum Lernen haben, dann sollten Sie das auch ruhig tun. Denn Sie sind dann immer noch in der Lernphase, die schließlich mit der Prüfung abgeschlossen werden soll. Bis zu ein Jahr lang dürften Sie das so tun. Dies entspricht der Dauer, für die der Antrag auf den Führerschein gilt. Und selbst wenn das nicht reichen sollte, etwa weil Sie wegen einer Erkrankung keine Möglichkeit zu weiteren Prüfungen hatten, dann ist eine neue Runde möglich. Wieder ein Jahr lang gilt ein neuer Antrag und Sie müssen erneut den Theorieunterricht absolvieren.

Wenn Sie in der praktischen Prüfung durchgefallen sind

In der praktischen Prüfung gibt es bei Nichtbestehen ein Prüfprotokoll. Dies ist ein Formular mit über 20 beschriebenen Situationen. Dabei werden Sie sich unangemessen verhalten haben oder Ihr Fahrlehrer hat sich einmischen müssen. Der Prüfer kann dazu schriftliche Anmerkungen machen, wenn ein Fehler gemacht wurde. Dieses wird er Ihnen am Ende der Prüfung erläutern.

Es ist eine gute Grundlage für den nächsten Prüfungsversuch. Überlegen Sie gemeinsam mit Ihrem Fahrlehrer, ob Sie die Möglichkeit in Anspruch nehmen, bereits nach zwei Wochen den nächsten Versuch zu starten. Es hängt von der Schwere der Fehler ab und ob das angemessene Verhalten durch weitere Übungsfahrten bis dahin erlernt werden kann. Verpflichtet sind Sie allerdings nicht, weitere Fahrstunden zu nehmen. Und auch hier haben Sie die Berechtigung, nach zwei Wochen bis zu einem Jahr die Prüfung abzulegen.

6 Begleitetes Fahren mit 17 oder allein mit 18 – was ist besser?

Im Bundesland Niedersachsen begann bereits 2004 ein Modellprojekt, welches es Jugendlichen mit einem Mindestalter von 17 Jahren ermöglichen sollte, sich mit einer vorher festgelegten Begleitperson – die nun nicht mehr ein Fahrlehrer sein muss – ans Steuer zu setzen, um Fahrpraxis zu erwerben. Bis Anfang 2008 waren sogar alle Bundesländer beteiligt. Aufgrund der positiven Ergebnisse dieses Modellprojekts gilt diese Regelung seit 2011 bundesweit, allerdings nur für die Führerscheine B und BE.

Die Idee dahinter war folgende: gerade Fahranfänger tauchten in den Unfallstatistik deutlich häufig auf. In einen Unfall verwickelt zu sein wurde mit einer mangelnden Gefahreneinschätzung und einem höheren Risikoverhalten verbunden. Persönlich bekannte Begleitpersonen könnten als Mitfahrer ihre Erfahrungen weitergeben und damit den Fahranfänger vorsichtiger machen.

Eine Studie des Automobilclubs Europa (ACE, 2010) zeigt leider, dass nur jeder Dritte vom „BF17“ gebraucht macht. Dabei fand man ein überzeugendes Argument: Während sonst bundesweit fast 35 % durch die Fahrprüfung fallen, sind es bei denjenigen, die schon mit 17 die Prüfung ablegen, nur noch 24,25 %. Man vermutet, dass die freie

Entscheidung, früher mit dem Führerschein zu beginnen, mit einem stärkeren Engagement und einer gezielteren Vorbereitung zusammenhängt. Tatsächlich bedeutet BF17 aber auch, ein ganzes Jahr üben zu können und dadurch seine Fähigkeiten zu verbessern.

Wie funktioniert das „Begleitete Fahren (BF17)"?

Damit Sie tatsächlich ab dem 17. Geburtstag mit jemandem an Ihrer Seite fahren dürfen, sollten Sie früh anfangen: Schon mit 16 ½ Jahren melden Sie sich bei einer Fahrschule an und stellen mit deren Hilfe einen offiziellen Antrag (Antrag auf Erteilung einer Fahrerlaubnis gemäß § 48a FeV – Prüfbescheinigung Begleitetes Fahren). Daraufhin beginnt der typische Unterricht mit der Fahrschule, also Unterricht in Theorie und die Fahrstunden.

Frühestens drei Monate vor dem 17. Geburtstag dürfen Sie die theoretische Prüfung ablegen und dann frühestens einen Monat vor dem 17. Geburtstag die praktische Prüfung. Nach beiden bestandenen Prüfungen erhält man mit dem 17. Geburtstag noch nicht den Führerschein, sondern eben zunächst nur die Prüfbescheinigung, die dann mit dem Erreichen des 18. Lebensjahres in die richtige Fahrerlaubnis umgewandelt werden kann. Dazu muss man dann keine weitere Prüfung mehr ablegen, aber die Umwandlung beantragen. Weil das mit Zeitverzögerung verbunden sein kann, ist die Prüfbescheinigung noch drei Monate nach dem 18. Geburtstag gültig und man darf dann auch unbegleitet fahren. Deshalb bietet es sich an, die Umwandlung schon gleich mit dem Antrag für die Prüfbescheinigung zu beantragen.

Wer darf Sie begleiten?

Für die begleitenden Personen, die festgelegt und in der Prüfbescheinigung namentlich genannt sein müssen, gibt es ein paar Auflagen: Sie müssen mindestens 30 Jahre alt sein, fünf Jahre den Führerschein besitzen und nicht mehr als drei Punkte im Flensburger Fahreignungsregister haben. Damit wird sichergestellt, dass man einen seriösen Beifahrer neben sich hat. Es dürfen bis zu fünf Personen genannt werden. Nur diese stehen dann als Begleitpersonen zur Verfügung – man kann sich also nicht kurz vor einer Autofahrt jemanden aussuchen, der dann spontan mitfährt. Und während der Fahrten ist sie dann wirklich nur Begleitperson und darf natürlich nicht in das Fahrgeschehen eingreifen.

Das können Ihre Vorteile sein

Vielleicht müssen Sie als 16-jähriger in Ihrem Umfeld Überzeugungsarbeit leisten, weil mögliche Begleitpersonen sich eher skeptisch dazu äußern? Dann können Sie mit diesen Argumenten punkten:

- Seit dem es BF17 gibt, ist die Häufigkeit, in der junge Menschen in Unfälle verwickelt waren, zurückgegangen.
- In der Anfangsphase des selbstständigen Fahrens ab dem 18. Geburtstag ist das Unfall- und Deliktrisiko durch vorher praktiziertes BF17 deutlich verringert.
- Fahranfänger haben dadurch eine erhebliche Verbesserung der Fahrkompetenz.
- In der Evaluationsstudie zum BF17 (2009) zeigte sich, dass mit zunehmender Dauer der Begleitung die Fahrerfahrung wächst. Und die Fahrer betonten immer mehr die eigene Verantwortung, während die Begleitpersonen unwichtiger wurden.
- Deutlich mehr Übung, da Autofahren auf kleinen, alltäglichen Strecken (z.B. zum Großeinkauf) etwas Selbstverständliches bekommt.
- Ohne Übung könnte es in der Probezeit zu Verkehrsverstößen kommen. Und bei zwei kleinen oder einem größeren Verkehrsverstoß wäre eine Nachschulung nachzuweisen, die Geld kostet. Mit genügend Übung vorher kann man das vermeiden.
- Als schwierig empfundene Situationen, z.B. das Einparken, können ohne Zeitdruck und Kosten probiert werden. „Ausprobieren dürfen" beinhaltet eine günstige Grundhaltung, die Fehler erlaubt und gerade deshalb soll ja etwas erst einmal „nur" probiert werden.
- Die Flexibilität hinsichtlich der verschiedenen Automodelle wird gesteigert. Die Fahrschule hatte ein bestimmtes Modell, nun können Sie in Begleitung sich mit einem anderen, vielleicht sogar größeren Auto und seiner Technik vertraut machen. Dazu könnten Sie übrigens auch einfach nur im Auto sitzen und mental Situationen ohne laufenden Motor zusammen durchsprechen.
- BF17 hat auch Vorteile für die Begleiter: Bei Befragungen während der Evaluation (2009) gaben die Begleitpersonen nämlich an, sie hätten als Begleiter ihr Wissen über die Verkehrsregeln aufge-

frischt. Sie hätten sich auch bewusst mehr Gedanken zur Verkehrssicherheit gemacht und wären sicherheitsbewusster gefahren.

Und dies sind noch ein paar Vorteile für sich selbst:

- Interesse und Neugier treffen optimal auf diese Möglichkeit, denn wer auch sonst schon gerne mit Fahrrad oder Zweirad im Straßenverkehr fährt und damit liebäugelt, das Auto der Eltern endlich fahren zu dürfen, fängt ja schon mal an.
- Wenn Sie beim Fahren trotz Führerschein noch unsicher sind, brauchen Sie nicht jedes Mal fragen, ob jemand mitfahren könnte. Es ist ja klar, dass es nur mit Begleitung sein darf. Und dazu haben sich die Begleitpersonen ja vorher auch bereit erklärt.
- Es ist gut, mehrere Personen eintragen zu lassen, damit nicht immer dieselbe Person mitmuss und man selbst auch verschiedene Menschen neben sich sitzen haben kann.

Warum wird Begleitetes Fahren nicht von allen genutzt?

Zwei Dinge müssen vorhanden sein: ein Auto und mindestens eine Begleitperson. Da kann es schon mal sein, dass man Ihnen das Auto der Familie nicht anvertrauen will. Hinsichtlich der Begleitperson werden in den meisten Fällen Familienmitglieder ausgewählt oder sie erklären sich von sich aus bereit. Am häufigsten sind dies übrigens die Eltern und tatsächlich eher die Mütter als die Väter. Da stellt sich sicher die Frage, ob die Eltern als hilfreich und unterstützend angesehen werden. Oder stehen tatsächlich nur unangenehme Begleitfahrer zur Verfügung?

Ein anderes Gegenargument ist berechtigt. Wenn man zu spät einsteigt, gibt es vielleicht keinen wirklichen Übungseffekt. Und tatsächlich: Eine Begleitdauer von höchstens drei Monaten führt nicht dazu, dass ein Gefühl von zunehmender Fahrerfahrung entsteht. Daraus folgt, dass BF17 nur Sinn macht,

- wenn Sie ein Auto regelmäßig im Alltag zur Verfügung haben,
- eine oder mehrere unterstützende Begleitpersonen zur Verfügung stehen und
- Sie länger als drei Monate vor dem 18. Geburtstag Fahrerfahrungen sammeln.

So kann das Begleitete Fahren gelingen

Auch wenn Sie mehrere Begleitpersonen angeben dürfen, empfiehlt es sich, eher immer dieselbe Person zu nutzen. Man wird schneller ein eingespieltes Team und der Schwerpunkt kann wirklich auf das eigentliche Fahren gelegt werden.

Fahren Sie möglichst regelmäßig. Untersuchungen zeigen einerseits, dass die anfängliche Euphorie, selbst am Steuer zu sitzen, durchaus abnimmt. Andererseits tritt der Übungseffekt nur ein, wenn man regelmäßig fährt.

Sie müssen keine Sonderfahrten organisieren – nehmen Sie einfach die Fahrten, die sich im Alltag ergeben. Will Ihre Begleitperson zum Einkaufen fahren, dann klinken Sie sich spontan ein und übernehmen das Steuer.

Wochentage eignen sich gut für kürzere innerörtliche Fahrten im Alltag: von der Schule abholen, einkaufen fahren, Besuche. Auch 5–10 Minuten haben einen Übungseffekt! An Wochenenden ist mehr Zeit und Ruhe und es können auch längere Fahrten eingeplant werden.

Legen Sie die Prüfungen so früh wie möglich ab, um dann mehr Zeit für BF17 zu haben. So bauen Sie mehr Erfahrung auf. Denn alles unter drei Monaten genügt nicht, um spürbare Fahrerfahrung zu sammeln.

WISSEN

Wer länger als ein halbes Jahr in den USA im Rahmen eines Auslandsaufenthaltes ist, kann in den meisten Bundesstaaten schon ab 16 Jahren den Führerschein machen und ihn sich dann später in Deutschland anerkennen lassen. Schüleraustausch oder Studium hat man auf diese Art doppelt genutzt. Und die praktische Fahrprüfung soll nicht so streng sein wie in Deutschland. Der ADAC informiert ausführlich darüber, was dann bei der Umschreibung zu beachten ist: www.adac.de/führerschein-usa

7 Assistenzsysteme – hier fährt das Auto

Immer mehr Elektronik steckt in den heutigen Fahrzeugen. Bei manchen Dingen muss man sich fragen, ob man so etwas braucht. Doch es gibt inzwischen auch selbstverständliche Erneuerungen wie das Antiblockiersystem (ABS), die ohne Frage nützlich sind und sicher schon manchen Unfall verhindert haben. Während der ADAC jedoch feststellt, dass die meisten elektronischen Helfer gar nicht genutzt werden, kommt der Diplom-Psychologe Jörg Michael Sohn in einem Spiegel-Online-Interview noch zu einem ganz anderen Schluss. Er erklärt, dass es eine typische, menschliche Reaktion auf diese Systeme gibt: Da sie mehr Sicherheit versprechen, ist die Folge nämlich ein riskanteres Fahren! Genau damit hebt man den gewonnenen Sicherheitsaspekt selbst wieder auf und fährt beispielsweise zu schnell in Kurven. Oder hat tatsächlich mehr Auffahrunfälle, weil man sich fälschlicherweise auf das ABS-System verlassen hat.

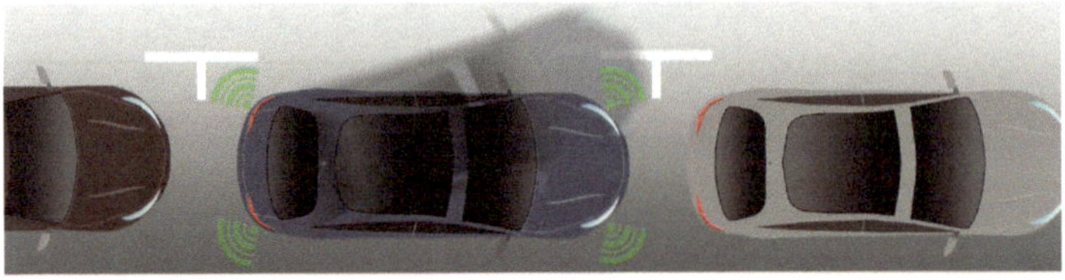

Abb. 24: Assistenzsysteme, z. B. beim Einparken, können Ihnen beim Fahren helfen und die Sicherheit steigern.

Aus diesem Grund will ich an dieser Stelle die aktuellen Assistenzsysteme erläutern, damit Sie danach entscheiden können, welche elektronische Hilfe Sie persönlich benutzen möchten. Wollen Sie etwa das Einparken beherrschen, dann schalten Sie das entsprechende Programm stumm. Da aber viele Systeme gar nicht abgeschaltet werden können, müssen Sie dies bereits beim Kauf beachten: Sie wählen schon beim Kauf am besten ein Fahrzeug, das diese „Extras" gar nicht anbietet.

Ich benutze hier die eher gängigen Bezeichnungen, aber die verschiedenen Autohersteller haben manchmal einen eigenen Namen für dasselbe System und dann auch eine andere Abkürzung. Eine sehr umfangreiche Beschreibung von Assistenzsystemen finden Sie auf der vom Deutschen Verkehrssicherheitsrat treffend benannten Webseite www.bester-beifahrer.de. Dort werden beispielsweise auch die unterschiedlichen Bezeichnungen für dasselbe Assistenzsystem je nach Automarke gelistet (siehe „Lexikon"). Und Sie können einen kleinen Test mitmachen (den „Profiltest"), welche Assistenzsysteme sich für Ihre Fahrgewohnheiten anbieten. Beantworten Sie nur wenige Fragen und schon bekommen Sie eine Rückmeldung, welche Systeme warum in Ihrem Fall Sinn machen.

Navigationssystem (NAVI)

Das Navi ist das am häufigsten genutzte Assistenzsystem. Es erkennt über das satellitengesteuerte GPS Ihren aktuellen Standort. Gibt man eine Zieladresse ein, wird der optimale Weg dorthin berechnet, beispielsweise der kürzeste oder der schnellste Weg. Die einzelnen Etappen werden auf dem Bildschirm angezeigt und auch per Sprachcomputer genannt.

Antiblockiersystem (ABS)

Beim starken Bremsen führt das Blockieren der Räder dazu, dass das Fahrzeug nicht in der Spur gehalten werden kann und trotz Lenken eigenwillig reagiert. Das Antiblockiersystem registriert ein blockierendes Rad und schwächt den eigentlichen Bremsdruck des Fahrers ab. Weil nun kein Rad überhaupt blockiert, bleibt das Auto lenkbar und wird dennoch gebremst.

Bremsassistent

Dieser Assistent erkennt an der Stärke des Bremsdrucks des Fahrers, ob dieser gerade auf eine Gefahrensituation reagiert. In Zusammenarbeit mit dem Antiblockiersystem vollzieht der Bremsassistent eine Vollbremsung ohne Blockierung der Räder.

Fahrdynamikregelung (ESP)

Die Abkürzung ESP steht für das Elektronische Stabilitätsprogramm und ist eine Erweiterung des ABS-Systems (s. o.). In Kurven werden die einzelnen Räder unterschiedlich gebremst. Dadurch kann der Wagen nicht mehr ausbrechen.

Spurwechselassistent: Blind-Spot-System

Toter Winkel

Für einen Wechsel der Fahrspur ist es wichtig, die übrigen Fahrzeuge auf der anderen Spur im Blick zu haben. Gerade der „tote Winkel“ erfordert gezielte Aufmerksamkeit. Umfeldsensoren dieses Assistenten nehmen die anderen Fahrzeuge wahr. Wird der Blinker benutzt, um den Spurwechsel anzuzeigen, gibt es eine akustische oder optische Warnung, wenn die Spur nicht frei ist. So warnt beispielsweise ein rotes Lämpchen im Seitenspiegel, wenn sich ein Objekt im „toten Winkel“ befindet. Damit ist ein Spurwechsel zu unterlassen. Gerade für häufig übersehene Verkehrsteilnehmer wie Motorrad- oder Fahrradfahrer bedeutet dieses System einen enormen Gewinn an Sicherheit.

Spurhalteassistent

Ist der Fahrer müde oder abgelenkt, kann es schnell passieren, dass die eigentliche Fahrspur verlassen wird. Dabei werden Fahrbahnmarkierungen überfahren. Bei diesem Assistenten wird das von einer Kamera bemerkt und der Spurhalteassistent warnt auf unterschiedliche Weise: Das Lenkrad oder der Sitz vibrieren. Manche Systeme reagieren sogar mit leichtem Gegenlenken, damit man in seiner Spur bleibt.

Wird geblinkt, bleibt das System inaktiv, denn dann ist ein Spurwechsel ja gewünscht. Gerade bei langen Fahrten auf Autobahnen ist dieses System durchaus sinnvoll.

Abstandsregeltempomat

Der Abstandsregeltempomat ist eine der wichtigsten technischen Grundlagen für das Auto der Zukunft, bei dem der Mensch selbst nicht mehr fährt. Es gibt diesen Assistenten aber schön länger in seiner Funktion als Tempomat. Er müsste eigentlich „Geschwindigkeitsregler" heißen, denn er kann beschleunigen und bremsen. Etwa auf der Autobahn wird eine gewünschte Höchstgeschwindigkeit eingestellt. Diese behält das Auto auf freier Strecke bei. Der Fahrer kann den Fuß vom Gaspedal nehmen und ihn damit entlasten. Nähert man sich langsameren Fahrzeugen, so werden diese durch Sensoren erkannt und das Tempo an deren Geschwindigkeit angepasst und Abstand gehalten. Bei einem stehenden Fahrzeug, etwa am Stauende, würde dieser Assistent auch selbstständig bremsen. Sogar Stop-and-go ist dadurch möglich.

Einparkhilfe: Parkassistent

Bereits im Vorbeifahren erfassen Sensoren per Ultraschall die Größe der Parklücke. Ist die Lücke groß genug, erhält der Fahrer ein Signal und man kann das Programm starten. Der Parkassistent lenkt dabei den Wagen automatisch, während der Fahrer Gas- und Bremspedale benutzt. Viele werden diesen Assistenten hilfreich finden. Es bleibt aber dennoch eine Restverantwortung aufseiten des Fahrers, da ja die Pedale bedient werden müssen. Die neueste Technik erlaubt es dem Fahrer auszusteigen. Die Bedienung erfolgt dann über den Schlüssel.

Akustisches Einparksystem

Dies ist die Vorstufe des Parkassistenten, denn das Auto parkt nicht allein ein, sondern signalisiert nur durch akustische Warnungen den Abstand zu den anderen Fahrzeugen oder sonstigen Objekten (Baum, Mauer, Zaun, Büsche). Je dichter Sie sich dem Hindernis nähern, umso schneller wird der Piepton. Die mit Ultraschall arbeitende Warnung beginnt bei 1,60 m Abstand und wird zu einem deutlichen Dauerton, wenn nur noch 20 cm Abstand bestehen. So kann immer noch rechtzeitig gebremst werden.

Automatische Scheibenwischer

Sobald Regen, Schnee oder Spritzwasser die Windschutzscheibe berühren, erkennen Lichtsensoren die schlechtere Sicht und starten den Scheibenwischer. Die Geschwindigkeit wird dabei noch der Stärke des Niederschlags angepasst und je nach Bedarf automatisch verändert.

Lichtassistent für das Abblendlicht

Immer, wenn die Lichtverhältnisse es nötig machen, wird das Abblendlicht automatisch angeschaltet: in der Dämmerung oder Nacht, aber auch unmittelbar bei der Einfahrt in einen Tunnel.

Statisches und dynamisches Kurvenlicht

Das Kurvenfahrlicht soll die Umgebung bei Kurven oder beim Einbiegen in eine Einfahrt besser ausleuchten. Für kleine Aktionen genügt eine zusätzliche Lampe, die fest installiert ist. Daher wird dieses „Abbiegelicht“ auch „statisches Kurvenlicht“ genannt. Sie schaltet sich ein, wenn der Blinker betätigt wird.

Das „dynamische Kurvenlicht“ ist ein flexibles Schwenksystem. Es leuchtet den Kurvenbereich parallel zum Lenkvorgang aus. Da der Verlauf der Kurve selbst, aber auch Verkehrsteilnehmer, Gegenstände oder Tiere früher und deutlicher gesehen werden, kann der Fahrer entsprechend schneller reagieren.

Nachtsichtassistent

Dieser Assistent ergänzt die Scheinwerfer um eine Wärmebildkamera. Die Kamera hat eine vergleichbare Reichweite wie das Fernlicht und erkennt damit alle Wärme abgebenden Objekte sehr früh. Es gibt die passiven Systeme, bei denen die abgestrahlte Infrarotstrahlung lediglich aufgefangen und zu einem Bild zusammengesetzt wird. Im Unterschied dazu senden die aktiven Systeme selbst das für den Menschen unsichtbare Infrarotlicht aus und registrieren das zurück reflektierte Licht. Auch hier wird daraus dann ein Bild zusammengesetzt. Je nach Ausstattung des Fahrzeugs erscheint das fertige Schwarzweißbild auf dem Display im Armaturenbrett oder auf der Windschutzscheibe mittels Head-up-Display (s.u.).

Verkehrszeichenerkennung

Hier arbeiten eine im Innenrückspiegel angebrachte Kamera und ein Bilderkennungsprogramm zusammen. Weit im Voraus werden Verkehrszeichen erkannt und im Display des Fahrers vergrößert angezeigt (s. a. „Head-up-Display).

Automatisches Notrufsystem: Unfallmeldedienst (UMD)

Erst seit April 2016 haben alle KFZ-Versicherer das neue, automatische Notrufsystem freigeschaltet. Dabei wird ein kleiner Unfallmeldestecker in den Zigarettenanzünder (oder einen ähnlichen Anschluss) gesteckt. Im Falle eines Unfalls wird von dort eine Info an eine Unfallmelde-App auf dem Smartphone des Fahrers geschickt. Automatisch erhält dadurch eine Notrufzentrale die Meldung. So kann viel schnell Hilfe vor Ort sein. Und Hilfe kommt vor allem auch dann, wenn der Fahrer selber nicht in der Lage wäre, Hilfe zu ordern. Das kleine Gerät erhalten Sie bei Ihrer KFZ-Versicherung.

Head-up-Display

Hier geht es um einen neuen Ort der Informationspräsentation. Auf die Windschutzscheibe selbst werden aktuelle Infos projiziert, knapp über dem eigentlichen Sichtfeld des Fahrers. Man muss nur den Blick ein wenig nach oben richten und hat gleichzeitig auch den Verkehr noch im Blick. Es wird beispielsweise für die Verkehrszeichenerkennung (s. o.) genutzt.

Autonomes Fahren

Daran arbeiten die Ingenieure auf Hochtouren: Das Auto fährt komplett allein. Bisherige Assistenzsysteme sind die ersten Bausteine dafür, denn beispielsweise ein Parkassistent braucht den Fahrer ja schon jetzt nicht mehr. VW beispielsweise will 2019 einen Nachfolger des VW-Busses auf den Markt bringen. Der „BUDD-e“ soll wenigstens teilautonom fahren können und wird über ein großes Display über Gesten und Sprache gesteuert. Hier halten also Smartphone- und Tablet-Technik Einzug. So ein Auto würde uns selbstständig zu unserem Ziel bringen und dort sich selbst einen Parkplatz suchen und einparken. Die skeptische Anmerkung dazu ist, ob das überhaupt noch etwas mit Autofahren zu tun hat, wenn es sich schließlich genauso wie eine Taxifahrt gestaltet.

8 Fahren im Ausland

Mit dem eigenen Auto in den Urlaub fahren und dort ein anderes Klima als zu Hause vorzufinden, übt auf viele Deutsche einen Reiz aus. Man kann dem deutschen Wetter je nach Wunsch auf Sonne oder Schnee entfliehen und bleibt doch mit dem Auto mobil und unabhängig in der Urlaubsregion. Kein Wunder, dass es höchst attraktiv ist, sich mit dem Auto grenzenlos zu fühlen. Oder auch nach einem eher kurzen Flug mit dem häufig gleichzeitig gebuchten Mietwagen im Urlaubsland die Umgebung zu erkunden. Dabei wird schnell übersehen, dass in dem anderen Land – obwohl es vielleicht sogar immer noch Europa ist – andere Regeln gelten als in Deutschland. Interessanterweise betrifft dies nicht nur die Verkehrsregeln, sondern auch Ausrüstungsgegenstände und beispielsweise den Gebrauch von Navigationsgeräten.

Gleich als Erstes: nicht zimperlich mit den Bußgeldern

In Deutschland ist man geradezu verwöhnt. Der Bad Tölzer Verkehrspolizist Lars Werner hat es im Interview „Taschengeld-Bußgeld“ genannt. Damit wollte er ausdrücken, dass die bundesdeutschen Bußgelder so gering sind, dass man sie im Zweifelsfall gern in Kauf nimmt.

In den Nachbarländern sieht es dagegen nämlich ganz anders aus. Es kann bei Verkehrsverstößen dann ganz schön teuer werden.

WISSEN

Ein paar Beispiele: Wer das Handy während der Fahrt benutzt, zahlt 60 € in Deutschland, während in Frankreich gleich mindestens 135 € und in Dänemark sogar 200 € fällig werden. In Griechenland sind es zwar nur 100 €, dafür aber gekoppelt mit 30 Tagen Fahrverbot. Beeindruckend ist auch der Umgang Schwedens mit zu schnellem Fahren: Wer innerorts bis zu 10 km/h schneller fährt als erlaubt, muss in Deutschland 15 € zahlen – Schweden verlangt 226 € bar auf die Hand. Eine Seite auf der Sie sich über alle Bußgelder, Punkte und Fahrverbote informieren können, hält der „Verband für bürgernahe Verkehrspolitik e. V." unter www.bußgeldkatalog.org bereit.

Strafzettel aus dem Ausland einfach ignorieren?

Davon ist inzwischen unbedingt abzuraten! Denn nur die Strafzettel aus Griechenland, Irland und Italien sind nicht verpflichtend, weil diese Staaten das Gesetz zur sogenannten „Geldsanktionenvollstreckung" nicht umgesetzt haben, das die Vollstreckbarkeit von Bußgeldern aus dem Ausland regelt. Alle anderen EU-Länder kümmern sich darum, Bußgelder ab einer Höhe von 70 € einzutreiben. Doch Vorsicht: Zum Bußgeld kommt noch eine Verwaltungsgebühr dazu. Ist also das eigentliche Bußgeld geringer als 70 € ausgefallen, dann sollten Sie es eben nicht ignorieren, weil es zuzüglich der Verwaltungsgebühr die Grenze überschreiten kann. Und sollten Sie den Bescheid dennoch ignorieren, kann Ihnen bei einer erneuten Reise Folgendes passieren: Wenn Ihre Identität bei einer Verkehrskontrolle oder auch am Flughafen geprüft wird, kann der alte Bußgeldbescheid immer noch vollstreckt werden. Dafür gibt es sehr unterschiedliche Verjährungsfristen.

Wundern Sie sich nicht, wenn einige Monate vergehen können, bis Sie der Strafzettel aus dem Ausland erreicht. Man hat Sie sicher nicht vergessen. Und prüfen Sie unbedingt fehlerhafte oder zu hohe Bußgeldbescheide, vor allem wenn diese von Rechtsanwälten oder Inkassobüros ausgestellt wurden. Interessant ist dagegen, dass zügiges Bezahlen mit einem Rabatt belohnt werden kann. Auch diese Rabatte sind von Land zu Land unterschiedlich.

Verhaltensvorschriften im Ausland – welche Ausrüstung gehört ins Auto?

Sie haben im theoretischen Unterricht vielleicht schon einmal gehört, was die aktuellen Ausrüstungsvorschriften für einen PKW in Deutschland vorschreiben: Warndreieck, Verbandskasten und eine Warnweste. Dabei ist es egal, wo diese im Auto liegen. Hauptsache, Sie finden diese Dinge im Notfall.

In anderen Ländern, selbst wenn sie zur EU gehören, können die Vorschriften ganz anders sein. Und Sie müssen sich möglicherweise daran anpassen, wenn Sie aufgrund von sogenannten „Verhaltensvorschriften" die Dinge mitführen müssen, die in dem jeweiligen Land gelten. Man kann also nicht einfach behaupten, man hätte doch schließlich alles dabei, was in Deutschland gilt. Und es lohnt sich, denn häufig sind die Bußgelder in anderen Ländern deutlich höher als bei uns. Aufpassen sollte man auch bei Mietwagen, die in dem Reiseland zugelassen sind. Natürlich gelten deren Ausrüstungsvorschriften auch für den Mietwagen, da es von dem Ort der Zulassung abhängt.

Wenn Sie nun eine Reise planen und sich nach den Ausrüstungsvorschriften erkundigen, könnten Sie herausfinden: Ein gefüllter Reservekanister ist grundsätzlich in Bulgarien, Griechenland, Kroatien, Luxemburg und Rumänien verboten. Dagegen sind Feuerlöscher beispielsweise in Bulgarien, Griechenland, Rumänien und der Türkei Pflicht. Und nicht nur eine Warnweste, sondern Westen für alle Insassen benötigen Sie in Bulgarien, Italien, Kroatien, Luxemburg, Polen, Rumänien, Slowenien, Tschechien, Ungarn. Etwas ganz Spezielles gilt in Frankreich seit 2012: Hier müssen Sie einen sogenannten Alkohol-Schnelltester im Auto mitführen. Zu jedem Land erhalten Sie die gültigen Vorschriften beim Auswärtigen Amt („Reise- und Sicherheitshinweise"), auf den Internetseiten des ADAC (auch für Nicht-Mitglieder) oder mit der unten beschriebenen App (siehe Kasten).

Unterschiedliche Verkehrsregeln von Land zu Land

Es gibt Verkehrsregeln, die manchmal in nur einem Land gelten. Verhalten Sie sich also zunächst wie beispielsweise in einer deutschen Fahrschule gelernt, dann können Sie im Einzelfall ganz schön daneben liegen.

In Frankreich beispielsweise hat derjenige Vorfahrt, der in den Kreisverkehr hineinfährt, es sei denn, ein Schild schreibt das Gegenteil vor. Und das Rauchen ist im Auto verboten, wenn Kinder mitfahren. Gilt es hier bei allen Minderjährigen, beschränkt Griechenland das Rauchen nur für den Fall, dass die Kinder jünger als 12 Jahre sind.

Auf italienischen Bergstraßen hat das bergab fahrende Fahrzeug Vorfahrt, während in Österreich dasjenige Fahrzeug zurücksetzen muss, dem dieses aufgrund der Situation leichter fällt.

Straßenbahnen werden in Belgien rechts überholt, außer es ist zu eng. Und wenn Sie trotz eines Rechtes auf Vorfahrt anhalten, haben Sie damit das Recht verloren.

In Polen müssen Fußgänger und Radfahrer außerhalb geschlossener Ortschaften bei Dunkelheit reflektierende Leuchtstreifen an der Kleidung oder eine Warnweste tragen. Dies gilt in Estland auch innerorts. Und eine nur geringe Überschreitung der Grenze von 0,2 Promille Alkohol im Blut kann in Polen schon mit Freiheitsstrafe geahndet werden. Auch zu den Verkehrsregeln erhalten Sie die gültigen Vorschriften beim Auswärtigen Amt („Reise- und Sicherheitshinweise“) oder beim ADAC.

APP-TIPP

Die kostenlos App „Mit dem Auto im Ausland“ vom Europäischen Verbraucherzentrum, die auch offline funktioniert, gibt Informationen über Verkehrsregeln oder Mautgebühren. Oder wie Sie bei einer Panne, einem Unfall oder einer Reparatur am besten vorgehen. Für die Länder Belgien, Dänemark, Frankreich, Italien, Luxemburg, Niederlande, Österreich, Polen, Spanien und Tschechien.

Info unter:
http://www.eu-verbraucher.de/de/publikationen/auto-app/

Ebenfalls kostenlos steht die von der EU-Kommission entwickelte App in 22 Sprachen für alle zur EU gehörenden Länder bereit. Neben Hinweisen zu den Verkehrsregeln und Ausrüstungsvorschriften finden Sie für die Mitfahrer auch noch ein Sicherheitsquiz und ein Memoryspiel.

App unter: http://ec.europa.eu/transport/road_safety/going_abroad/index_de.htm

Linksverkehr

Es gibt auf der ganzen Erde 59 Länder, in denen links gefahren wird. England, Zypern oder Malta sind ja nun ganz in unserer Nähe und auch ein Land wie Südafrika, mit einer hohen Infrastruktur für Touristen, ist ein beliebtes Urlaubsziel, bei dem für viele Urlauber ein Mietwagen häufig dazugehört. Entsprechende Pauschalangebote gibt es. Dann sind Sie mit einer Situation konfrontiert, die am Anfang deutlich mehr Aufmerksamkeit benötigt. Denn alles am Auto und im Straßenverkehr fühlt sich seitenverkehrt und damit irgendwie falsch herum an. Das betrifft ja sogar die Fußgänger beim Überqueren der Straße: Man muss sich angewöhnen, erst nach rechts und dann nach links zu schauen. Eben genau umgekehrt als bei dem viel gewohnteren Rechtsverkehr. London hilft da beispielsweise seinen zu Fuß gehenden Gästen, indem viele Fahrbahnen mit großen Hinweisen beschriftet wurden: „LOOK RIGHT →" soll Ihren Blick in die richtige Richtung lenken.

Abb. 25:
Auf Linksverkehr können Sie im Urlaub treffen.

Sie finden hier nun die typischen Fehler beschrieben und, sofern möglich, mit einer Hilfestellung versehen. Für alle beschriebenen Situationen ist eine Sache hilfreich: ein Beifahrer, der Sie unterstützt. Dieser sollte mitdenken, laut anmerken und mit den Händen anzeigen, auf welche Spur Sie jetzt müssen. Oder ob Sie dem Fahrbahnrand deutlich zu nah kommen. Der Beifahrer kann Ihnen rückmelden, dass Sie zu dicht am Fahrbahnrand oder an den parkenden Fahrzeugen vorbeifahren.

Werden Sie ein Team und gewöhnen Sie sich zusammen innerhalb von wenigen Tagen an die neue Situation.

Beim Abbiegen kann es schnell passieren, dass Sie auf der falschen Fahrspur landen. Erfahrungsgemäß passiert das aber nur, wenn kein Verkehr herrscht. Das Vorhandensein anderer Fahrzeuge erleichtert deutlich die richtige Orientierung.

Übrigens sind die Pedale immer identisch angeordnet – das Gaspedal ist immer das rechte Pedal. Doch ungewohnt ist es, wenn Sie in einem Mietwagen auf dem rechten Sitz sitzen und deshalb mit der linken Hand schalten. Da hilft es zunächst auch nichts, wenn die Schaltung selbst wiederum eine H-Schaltung ist, also alle Gänge dort sind, wie Sie es gewohnt sind. Es fühlt sich ungewohnt an, die Schaltung mit der linken Hand zu bedienen.

Tipp: Automatik statt Schaltgetriebe.

Ungewohnt ist es dann aber wieder, dass die Hebel für Licht und Blinker auch quasi seitenverkehrt angebracht sind und auch in anderer Richtung bedient werden. Was kann dadurch passieren? Sie benutzen automatisch die Hebel wie gewohnt, aber damit natürlich falsch. Wenn Sie blinken wollen, benutzen Sie dafür den Scheibenwischerhebel! Deshalb gibt es ein scherzhaft gemeintes Motto in Ländern mit Linksverkehr: „Woran erkennt man Touristen? Wenn sie abbiegen, dann zeigen sie dies mit dem Scheibenwischer an!“ Nehmen Sie es mit genauso viel Humor, wie der Satz gemeint ist. Es passiert allen am Anfang und braucht ein paar Tage, bis es sich einschleift.

Und lachen Sie einfach über sich selbst, wenn Sie sich auf den Fahrersitz setzen wollen, aber wie gewohnt zur linken Tür gehen – dann finden Sie sich plötzlich auf dem Beifahrersitz und ohne Lenkrad wieder. Das ist die Macht der Gewohnheit.

Sollten Sie mit Ihrem eigenen Auto nach England fahren, dann müssen die Scheinwerfer umgestellt werden. Die normale Einstellung soll ja den rechten Fahrbahnrand besonders gut ausleuchten. Daher würden Sie mit dieser Einstellung im Linksverkehr nun den Gegenverkehr blenden. Eine schnelle Lösung sind die Scheinwerferaufkleber, die einfach den blendenden Teil des Scheinwerfers abdecken (z.B. „Eurolites", ca. 10 €).

Überholen: Sie fahren ja links, demnach wird nun auf der rechten Seite überholt. Auf der mehrspurigen Autobahn fahren Sie mit langsamer Geschwindigkeit also auf der linken Spur. Zum Überholen geht's rüber auf die rechte Spur.

Im **Kreisverkehr** wird andersherum gefahren, also im Uhrzeigersinn. Wenn Sie dazu eine Animation sehen, dann entsteht wieder dieses Gefühl, das sei falsch herum. Wenn Sie sich allerdings im Linksverkehr befinden und auf den Kreisverkehr zufahren, dann wird es plötzlich klar, dass man nur so herum den Kreisverkehr benutzen kann. Wenn mehrere Spuren vorhanden sind, dann ist die linke Spur für den Linksabbieger gedacht, der den Kreisverkehr verlassen will. Eine mittlere Spur nutzt man, um eine spätere Ausfahrt zu erreichen. Gibt es sogar eine dritte Spur ganz rechts, dann können Sie dort verweilen, um die richtige Ausfahrt zu finden.

INTERNET

Kreisverkehr im Linksverkehr

Schauen Sie sich die Animation an. Wichtig ist, dass Sie sich vorstellen, welches der acht Fahrzeuge Sie sind. Verfolgen Sie dann nur „Ihr" Auto – sonst erscheint die Darstellung nämlich verwirrend, da ja die verschiedensten Ein- und Ausfahrtmöglichkeiten gleichzeitig dargestellt werden.

Animation: http://bit.ly/1RdOLuL

Literatur

ACE Studie: Führerscheinprüfungen und Durchfallquoten, 9/2010

ADAC Motorwelt 11/2015: Arbeitslose Assistenten – Überraschend viele Fahrer nutzen die Hilfssysteme in ihrem Auto nicht

Bernstein, Douglas A. & Berkovec, Thomas D.: Entspannungstraining – Handbuch der Progressiven Muskelentspannung nach Jacobsen, Stuttgart: Klett-Cotta 2004 (11. Aufl.)

Ceh, Johann: Entspannen jederzeit! Techniken zur besseren Stressbewältigung, München: mvg-verlag 1995 (2. Aufl.)

Culler, Ralph E. & Holahan, Charles J.: Test anxiety and academic performance: The effects of study-related behaviors. Journal of Educational Psychology, 72(1), 16–20, 1980

Ellis, Albert: Grundlagen und Methoden der Rational-Emotiven Verhaltenstherapie, Stuttgart: Klett-Cotta 2008 (2. Aufl.)

Fehm, Lydia & Fydrich, Thomas: Prüfungsangst, Göttingen: Hogrefe Verlag 2011

Heilig, Bruno (Hrsg.): Der Fahrlehrer als Verkehrspädagoge, München: Verlag Heinrich Vogel 2013 (6. Aufl.)

Müller, Frank & Ruhr, Hans-Joachim: Keine Angst mehr hinterm Steuer, Heidelberg: Springer 2010

Müller, Karl: Autofahren ohne Angst, Bern: Verlag Hans Huber 2013 (1. Nachdruck der 1. Auflage 2008)

Peurifoy, Reneau Z.: Angst, Panik und Phobien, Bern: Verlag Hans Huber 1993

Prüfungsrichtlinie – Richtlinie für die Prüfung von Bewerbern um eine Erlaubnis zum Führen von Kraftfahrzeugen, Verkehrsblatt-Dokument Br. B3219, Dortmund: Verkehrsblatt Verlag, Stand März 2014

Spiegel Online: Interview mit Verkehrspsychologen: Sicherer in einem unsicheren Auto, 22.11.2006

Vaitl, Dieter & Petermann, Franz (Hrsg.) : Handbuch der Entspannungsverfahren, Band 1: Grundlagen und Methoden, Weinheim: Beltz Psychologie Verlags Union 2000 (2. Aufl.)

Walther, Holger: Ohne Prüfungsangst studieren, Konstanz: UVK Verlagsgesellschaft mbH mit München: UVK/Lucius 2015 (2. überarb. Aufl.)

Willmes-Lenz, Georg & Prücher, Frank & Großmann, Heidrun: Evaluation der Fahranfängermaßnahmen „Begleitetes Fahren ab 17“ und „Freiwillige Fortbildungsseminare für Inhaber der Fahrerlaubnis auf Probe“. Bergisch-Gladbach: Bundesanstalt für Straßenwesen 2009

Über den Autor

Holger Walther ist Diplom-Psychologe und bietet seit über 20 Jahren die Psychologische Beratung der Humboldt-Universität zu Berlin an. Neben der Beratung von Studierenden in Einzelgesprächen führt er vor allem auch Kurse zum Abbau von Prüfungs- und Redeängsten durch und hält Vorträge zu Lern- und Arbeitstechniken. Er arbeitet außerdem als Psychotherapeut in einer eigenen Praxis.

KONTAKT

Wenn Sie Kontakt zu ihm aufnehmen möchten, können Sie dies gern per E-Mail tun: holger.walther@uvk-lucius.de

Register